Mémoires
pour demain

Philippe Meyer

Mémoires pour demain

Un médecin français sur le chemin de Genshagen

Odile Jacob

© ODILE JACOB, JANVIER 2021
15, RUE SOUFFLOT, 75005 PARIS

www.odilejacob.fr

ISBN : 978-7381-5365-4

À la mémoire de Simone Veil,
en souvenir du partage d'un idéal de la médecine
et de l'Europe.

Philippe Meyer (1933-2020).

Préface

Le dernier ouvrage que nous a légué le professeur Philippe Meyer est un vibrant hommage, un hymne à la réconciliation franco-allemande.

Descendant de Juifs alsaciens ayant opté pour la France après la défaite de 1870, son histoire familiale dut subir, dans la douleur, l'antisémitisme du régime de Vichy. La découverte intime de la culture allemande, qu'il nous invite à aborder sans préjugés dans ce livre, lui permettra seule de commuer l'« oubli silencieux » des drames de la Résistance et de la perte de ses grands-parents à Auschwitz, en pardon authentique.

Un providentiel hasard lui offrit d'être convié à participer aux Rencontres de l'amitié franco-allemande, organisées au château de Genshagen, près de Berlin. Cette seconde vie qui fut la sienne outre-Rhin, la nouvelle vocation qu'il épousa alors, résolument tournée vers l'engagement européen, furent l'occasion de nos échanges avec lui dans les Vosges. Son *Histoire de l'Alsace* (2008), préfacée par le professeur Rudolf von Thadden, son ami de Genshagen, éclaira nos premiers pas.

Pour transfigurer des siècles d'affrontements fratricides, dévastant villes et villages d'Alsace, il fallait dépasser définitivement les mémoires nationalistes, combattues courageusement dès 1914 aussi bien par un Romain Rolland qu'un Albert Schweitzer, tous deux prix Nobel. C'est bien cette volonté qu'il reconnut dans le monument que nous inaugurâmes, en juin 2015, dédié à la mémoire des victimes de la bataille de Metzeral, un siècle plus tôt, et qui l'émut jusqu'aux larmes. Les multiples commémorations qui s'y déroulèrent depuis, jusqu'à celle de l'armistice de 1918 en ultime « réconciliation œcuménique », contribuèrent à sceller notre fidèle amitié.

L'intuition d'André Malraux (« L'Alsace est tout de même un point de surplomb, ce que les cultures allemande et française ont de plus haut ») et le rêve « Europe, ma patrie » du prix Nobel Alfred Kastler, vous les illustrez magnifiquement dans ce livre, qui reste pour nous votre ultime témoignage.

Cher Professeur, cher Ami, vous nous avez quittés au milieu du printemps 2020. Nous restent vos yeux pleins de larmes à l'idée de voir votre chère petite Lotte connaître à nouveau les bruits stridents du métal que cherche justement à conjurer notre mémorial, mais surtout votre émotion lorsque sonnait l'« Ode à la joie » chanté par les élèves alsaciens lors des commémorations là-haut, dans les Vosges.

L'espérance réaliste que vous fondiez dans le projet européen avait-elle pressenti les tensions politiques et religieuses croissantes, l'accélération brutale des bouleversements climatiques et des exigences concrètes qu'ils opposent à nos sociétés, un Brexit surréaliste fracturant cette Europe en laquelle vous espériez tant, et enfin les difficultés économiques, politiques et sociales de l'épidémie que nous traversons ? Nous croyons qu'elle n'en eût pas été amoindrie. Merci, cher Professeur, de nous avoir transmis votre foi !

Gérard Leser, poète folkloriste, vice-président de l'Académie des sciences, lettres et arts d'Alsace.

Avant-propos

La vie peut être un immense apprentissage, la raison n'intervenant qu'en seconde main pour le valider et pour le mûrir. J'ai eu la chance de bénéficier par mon éducation de circonstances exceptionnelles et totalement imprévues qui m'ont éclairé. La méfiance à l'égard de l'Allemagne fut presque une rengaine dans l'histoire de ma famille que j'ai perçue dès mes premières années, je présente néanmoins ici un plaidoyer, forcément incomplet mais vécu et sincère, concourant à la vie de l'entente de la France et de l'Allemagne, garante de paix, de culture et de progrès sur le sol européen. Tous les faits rapportés ici sont authentiques, ne laissant aucune place à l'imagination et aux hypothèses. Ils ont suggéré et construit la démarche en partie inattendue qui m'a conduit aux conclusions de ce livre.

Le processus mental sous-jacent associant observation, apprentissage et action conditionne le déroulement d'une innombrable foule d'opérations mentales et ne mérite pas en soi d'être rapporté. Cependant mes conclusions ne sont pas encore acceptées par tous. Or elles concernent notre devenir et celui de nos enfants. Elles furent surtout construites à partir d'une expérience, ce qui n'est pas toujours la voie choisie par la politique.

Une longue explication de ma part s'est imposée, inévitablement, pour ces simples raisons. J'explique en effet pourquoi une étroite collaboration de la France et de l'Allemagne peut aujourd'hui en toute certitude, confirmant maintes déclarations antérieures, conforter la culture européenne, qui n'est autre que la somme expérimentale de ce qui fut accompli sur le continent depuis quinze à vingt siècles pour le profit spirituel et matériel de ceux qui le peuplent, en appréciant l'héritage culturel dont ils ont eux-mêmes bénéficié lorsqu'ils surent éviter les conflits. Cela vaut naturellement pour les sciences de la vie, la biologie et la médecine.

Ma réflexion relève d'un simple empirisme visant à entretenir « la foi inébranlable et ardente en une mission européenne » dont ont fait preuve maintes générations antérieures, afin que, explique Stefan Zweig, « l'Europe, considérée comme le bien le plus précieux et la garantie la plus sûre de ses vieilles civilisations [...] préserve la paix universelle, soutienne le progrès et conduise à une nouvelle forme d'humanité* ».

Ma démarche, d'autre part et peut-être surtout, m'a semblé originale dans la mesure où ceux qui rejettent mes conclusions furent surpris de les découvrir chez quelqu'un que l'apprentissage de la vie semblait avoir orienté vers une tout autre direction.

Ma famille a en effet grandi dans le clan juif alsacien, c'est-à-dire dans une admiration éperdue pour la France, qui fut la première en Europe à reconnaître ses droits, et dans une communauté intégrée aux coutumes et à la pensée humaniste exceptionnelle qui germa en Alsace, terre de culture, et qui s'est en grande partie construite en se libérant des contraintes politiques qui l'entouraient, Ancien Régime et Empire d'un côté, empire, féodalité et monarchie de l'autre.

Le choix des libertés intérieures et de la démocratie soutenu par mes ancêtres et mes parents ne pouvait plaire à un dictateur nazi dont la police a fait preuve vis-à-vis des miens, tous résistants, d'une agressivité impardonnable. La grande estime que je porte à

* Stefan Zweig, *L'Esprit européen en exil. Essais, discours, entretiens (1933-1942)*, Bartillat, 2020.

la nation allemande, que j'ai incroyablement encensée même en subissant ses exactions, a pu paraître singulière à tous ceux qui les considéraient comme le fait d'un monstre. Mais je me suis appuyé sur des observations étayées sur la culture allemande, que je rapporte ici, non sur des théories.

J'ai pensé nécessaire d'apporter dans cet ouvrage, comme Français alsacien d'origine juive, un vibrant témoignage de mon admiration pour l'esprit allemand, dominé quelquefois par un Faust inattendu, et de mon empathie pour son peuple. J'ai tenté d'apporter une contradiction véhémente à l'égard de la minorité qui reste persuadée en Europe que l'Allemagne serait encore parasitée par des assassins potentiels. Son écriture m'a libéré du poids qui pesa parfois sur mes épaules pendant ma réflexion, mais elle légitime la confiance que m'ont accordée mes amis français et allemands pour mon pacifisme empirique et ma franchise. J'espère avoir ainsi contribué à convaincre les générations futures de l'Europe de demain et à remercier ses avocats passés, Stefan Zweig et Romain Rolland, qui déjà au siècle dernier, malgré des obstacles de toute nature, avaient confiance en leur plaidoirie, écrivant en 1939 : « On nous enterrera comme les derniers Européens. Mais sur notre tombeau, on continuera à vivre et à créer*. »

* Romain Rolland et Stefan Zweig, *Correspondance 1920-1927*, Albin Michel, 2015, p. 37.

PREMIÈRE PARTIE

Un passé enseveli

CHAPITRE 1

Hostilité allemande

Aucun de mes aïeux n'a échappé aux violences de l'éruption wilhelmienne qui secoua l'est de la France à la fin du XIXe siècle. L'histoire s'est alors délectée de quelques événements fondateurs qu'elle exploita sans craindre leurs récurrences. Elle s'est complu dans les conséquences du conflit de l'Allemagne et de la France en 1870-1871, pendant longtemps, peut-être même jusqu'à notre époque, le sinistre catalogue nazi s'étant nourri des séquelles qui lui convenaient. Je n'ai pas été épargné par ses caprices, mon éducation m'enseignant une méfiance intransigeante vis-à-vis de ceux qui, outre-Rhin, enviaient leurs voisins.

La première déchirure entre la France et l'Allemagne ne put cicatriser ; les exigences du chancelier Bismarck, vainqueur de l'armée de Napoléon III, activèrent des sentiments haineux de part et d'autre du Rhin que l'ignorance et la bêtise des peuples entretinrent avec ténacité. Son souvenir encombra tous les silos mnésiques. Un fossé moral infranchissable doubla celui du fleuve-frontière. La capitulation à Sedan de l'armée impériale française devant les troupes prussiennes libéra les forces occultes de leur haut commandement : la Prusse n'hésita pas à s'étendre et à accroître sa puissance. Bismarck et ses généraux, massivement soumis aux dynasties des Moltke et autres Césars germaniques, décidèrent que l'Alsace, conquise et envahie militairement, leur revenait de droit. Les Alsaciens et les Lorrains du Nord n'étaient pour ses chefs que des Allemands qui s'ignorent, oublieux du rapt accompli sans vergogne par les Bourbons deux cent cinquante ans plus tôt. Bismarck a flatté son peuple et son état-major en soutenant une revendication majeure du pangermanisme, clé de voûte du Reich, une ambition ultime. L'épée lui donnait ce droit, mais le droit de la « nation » allemande lui donnait un sentiment supérieur, « qui ne pouvait autoriser des fils perdus à se soustraire pour toujours à l'Empire allemand », comme le disait alors le grand historien Heinrich von Treitschke, avocat de l'hégémonie germanique.

L'annexion allemande s'étendit du Rhin à la Moselle, justifiant la formation d'un Reich dont la population, 41 millions d'habitants, fut la plus nombreuse d'Europe, prête au développement économique et industriel et à prendre la tête du progrès européen. En quelques instants, mes ancêtres devinrent des sujets du Reich. Celui-ci exigea, pour parfaire sa joie, que l'annexion de l'Alsace-Lorraine fût complétée par une abrasion culturelle, un débarras de la présence spirituelle de la France et de toutes les traces de son influence. Les Alsaciens-Lorrains n'acceptant pas de se plier à la culture germanique reçurent l'autorisation d'« opter » pour la France, c'est-à-dire de rompre leurs liens familiaux, d'abandonner des biens, de revivifier des différences assoupies depuis des lustres avec des parents qui se satisfaisaient de la culture germanique, de s'exiler au-delà de la nouvelle frontière française et de devenir de véritables Français. Cet exil forcé fut accepté immédiatement par quelque 50 0000 personnes ; il fut complété au cours des années suivantes par des milliers de citoyens qui avaient tenté de vivre en conformité avec l'art germanique, mais qui n'ont pu s'en accommoder.

Ma famille appartenait depuis le XVIIe siècle à une société étendue, occupant la Basse-Alsace dans la vallée de la paisible Moder, de Woerth et ses environs au nord aux vignobles d'Obernai et de Dambach-la-Ville au sud, et incluant quelques enclaves dans Odratzheim et la plaine strasbourgeoise. Cette communauté, regroupant marchands de grain, meuniers, petits fonctionnaires villageois, petits entrepreneurs, propriétaires-paysans, était cimentée, comme bien d'autres régions alsaciennes, par une religion juive qui consolidait des liens matériels autant qu'elle s'occupait du bien des âmes. Elle formait un clan d'entraide plus qu'une mission militante, comme en plusieurs sites des campagnes alsaciennes. Ce qui ne signifie pas que ses adhérents fussent prêts à renier la croyance de leurs parents. Ils croyaient avant tout en l'Alsace, patrie choisie naguère en suivant la route de soldats romains ou en fuyant les violences de places germaniques moyenâgeuses veillant à leur propre survie*.

L'Alsace allemande devint un modèle administratif, économique, universitaire, culturel du Reich, imposé sans nuance et avec brutalité. La diaspora qui avait gagné la « France de l'intérieur » s'efforça durement de montrer sa cohésion et sa volonté en accédant aux concours de l'élite républicaine française et en réussissant leurs nouvelles vies professionnelles.

*

Je suis un pur produit de l'exil alsacien, y comptant quatre grands-parents (originaires de Woerth, d'Odratzheim, d'Obernai et de Dambach). Leur abandon de l'Alsace leur infligea une blessure qui ne cicatrisa pas, et qui n'épargna personne. Ils étaient fiers d'avoir reconstruit un cercle parisien et affirmé leur volonté d'insertion sociale. Ils ont cherché à remercier la France de son accueil en la servant fidèlement et de toutes leurs forces. Ils s'affirmaient français sans réserve dans la mesure où la France leur paraissait capable de reprendre au Reich ses annexions d'Alsace-Lorraine et adhérèrent aux passions nationalistes. Tout souvenir de l'Alsace fut sacralisé, les relations avec sa culture maintenues, jusqu'à la pérennisation d'habitudes culinaires, et mes grands-parents paternels ne manquèrent jamais l'occasion de revenir s'émouvoir sur les rives de la Moder, leur véritable patrie. Un vieil

* Philippe Meyer, *Histoire de l'Alsace*, Perrin, 2008.

oncle, un dénommé Robert Meyer, qui avait opté pour l'Allemagne, les accueillait avec la femme de son cœur, une villageoise alsacienne piétiste qui gérait un débit de boisson n'admettant aucun alcool. L'aversion à l'égard de l'occupant allemand n'abandonna jamais ces courtes rencontres. Elle occupa à vrai dire l'esprit français pendant le demi-siècle qui suivit l'annexion alsacienne. Mon père, né en 1903, comme de nombreux compatriotes, est sans doute venu au monde avec cette idée en tête. La Grande Guerre ne fut rien d'autre qu'une immense revanche visant à redonner l'Alsace à la France. Le Reich allemand ne se laissa pas faire. La violence s'installa sans répit, un antagonisme national ayant pris la place d'une affaire provinciale et frontalière. Les combattants de chaque bord furent fiers de leurs blessures et de leurs amputations ; celles-ci furent montrées aux enfants dès leur plus jeune âge, comme s'il s'agissait des reliques de martyrs chrétiens.

L'Histoire ne s'est sans doute pas satisfaite d'une situation de paix en 1918, un compromis ne dégageant ni victoire ni défaite, les deux camps ayant également souffert. Le vieux Rhin renonça à son génie culturel, poétique et philosophique devant les exigences des constructions de casemates bétonnées, indifférent aux progrès de l'artillerie de l'adversaire.

L'antagonisme entre la France et l'Allemagne s'est imposé une nouvelle fois, en 1939, la guerre précédente étant encore présente dans toutes les mémoires quelque vingt années plus tard, souvenir massif, inévitable, dans la ligne séquellaire d'un antagonisme et de compétitions ancestrales, transmissible d'une génération à l'autre, mais dépassant maintenant les limites de la plus sombre éthique. La politique germanique préféra la dictature d'un caporal à la démocratie et aux Lumières, un puissant antisémitisme l'animant et lui permettant de pallier cette fois les insuffisances des nationalismes purs. Ma famille fut une cible de ces nouvelles explosions, l'appartenance alsacienne étant un premier facteur de vulnérabilité, sans compter ses origines juives qui allaient constituer pour l'Allemagne devenue nazie une tare inacceptable.

CHAPITRE 2

Déroute familiale

La férocité allemande s'exprima avec force dès que je vécus ma onzième année, en 1943. L'invincibilité de la force nazie, rayonnante depuis le début des hostilités (1939) céda alors de part en part, dans le sud de l'Italie, à Stalingrad et sur son propre territoire, avec l'intensification des bombardements et de la résistance ; la flotte de guerre française lui échappa définitivement préférant un sabordage honteux au combat dans la rade de Toulon. L'Allemagne nazie répondit furieusement en occupant la totalité du territoire français, interrompant la vie de réfugié que ma famille avait réussi à reconstruire paisiblement à Pau après la débâcle militaire de 1940. Son origine juive et son appartenance alsacienne, enregistrables, représentaient désormais des arrêts de morts dont la Gestapo et la police de Vichy étaient friandes.

Mes grands-parents maternels s'isolèrent dans des campagnes reculées tandis que mes grands-parents paternels tentaient de se fondre dans les profondeurs du vieux Nice précédemment occupées par la police italienne, clémente et superficielle. Ma petite sœur fut adoptée par une garde-barrière généreuse de l'Allier qui eut plus tard l'honneur de rejoindre les « Justes ».

Mon père, qui avait tenté jusque-là de conserver une activité médicale tout en contribuant à des réseaux de résistance, devint un autre homme ; il se chargea de procurer les faux papiers attestant de notre nouvelle identité, Maire, originaire de la France profonde, puis disparut. Il se laissa guider par des passeurs partisans jusqu'en Espagne pour s'engager dans la première armée française, en formation en Afrique du Nord.

Je fus confié à un collège, à Annecy, protégé de l'inquisition nazie par la fréquence des bombardements anglo-américains. Mais ceux-ci avaient touché une petite partie du dortoir, et se répétèrent à une cadence terrifiante. Le collège ferma par précaution quelques jours après mon arrivée.

Un médecin grenoblois ami de ma famille, le docteur Jean Mattei, m'inscrivit alors sous le nom de Philippe Maire, dans un établissement ayant bonne réputation, le collège de la Merci, sis dans un faubourg tranquille de la ville, La Tronche. L'expérience d'être devenu un autre m'amusa, la perfection de la typographie de ma fausse carte d'identité paraissant m'assurer une protection parfaite. Le centre-ville était assez distant mais accessible par un tramway auquel nous avions droit pendant quelques longues récréations. Les souffrances de la guerre me paraissaient lointaines, les nazis n'avaient pas encore montré leur visage.

Tant que l'institution de la Merci n'avait pas fait état de sa véritable nature, on ne pouvait qu'admirer son allure et son travail pédagogique. Son immense portail en fer forgé noir s'ouvrait sur une large allée bordée de sapins et de mélèzes d'égale hauteur, des parterres de gazon aux limites indiquées par des sculptures de nobles animaux sauvages montrant leurs forces, lions et léopards exhibant des dents acérées, aigles impatients, œil fixé sur leur proie et becs entrouverts, crocodiles faussement somnolents. Une grande bâtisse blanchie de chaux couvertes d'un épais manteau de chaumes noircis abritait la vie des élèves, sommeil, études et jeux, et communiquait avec une grande salle d'éducation physique. Les salles d'étude se situaient dans un autre bâtiment protégé par un immense toit ardoisé et pentu, restauration manifeste d'une demeure bourgeoise qui devait abriter le propriétaire du domaine. Des petits oratoires, blanchis à la chaux, se dressaient sur les traces d'un chemin disparu dont on ne pouvait imaginer le parcours au travers de terres aujourd'hui cultivées, à l'aplomb protecteur de la hauteur qui supportait l'ensemble. Les bribes de l'enseignement que j'ai reçues dès mon arrivée m'ont plu, particulièrement les leçons d'allemand prodiguées sans accent par un homme décidé que l'on disait en convalescence de blessures reçues sur le front russe. Les deux directrices du collège, qui se ressemblaient par la coupe masculine de leurs cheveux, l'austérité de leur tenue et leurs exigences professionnelles (j'appris plus tard qu'elles étaient les nièces de l'évêque de Grenoble), prirent le temps dès mon arrivée de souligner que leur collège suivait les recommandations du gouvernement de Vichy, de la rigueur dans l'apprentissage de l'allemand, de la persévérance dans celui de la musique et un développement des aptitudes corporelles. Tout cela m'avait plu au point de croire que j'avais trouvé le havre qui me manquait tant depuis que la guerre avait déstabilisé ma vie familiale. Des portraits du maréchal Pétain ornaient tous les murs, que je considérais comme des exigences politiques du gouvernement, sans y prêter autre signification.

*

La clémence du sort ne fut malheureusement pas durable. Un incident qui aurait dû rester anodin est devenu un supplice gravant mon âme et mon corps d'adolescent de séquelles térébrantes, m'avertissant des noirceurs véhiculées par le Reich en guerre. Au cours d'une partie de football sur une pelouse que les premières neiges avaient rendue particulièrement glissante, mon coup de pied dérapa, manqua le ballon et fit involontairement chuter mon adversaire. Il s'agissait d'un grand gaillard blond, sans doute un peu plus âgé que moi, un joueur silencieux et efficace que je connaissais à peine, et qui n'admit pas d'avoir été privé du but qu'il s'apprêtait à tirer.

Mes excuses et l'appui de plusieurs camarades ne le calmèrent pas. Son désespoir le cloua longtemps au sol, comme s'il souffrait d'une grave complication. Je fus convoqué dans l'heure dans le bureau des directrices ; leurs regards s'étaient noircis et leurs traits figés, exprimant le même ressentiment lugubre : « Pourquoi, Philippe Maire, t'en es-tu pris à notre cher Matthias von Below, ce malheureux orphelin de l'aide de camp d'Hitler, glorieusement disparu à Dunkerque ? Sans doute parce que tu hais les Allemands, surtout s'ils sont nazis. Philippe Maire, ne serais-tu pas l'un de ces Juifs dissimulés sous un faux nom ? »

Je me suis dit que l'ignorance de la situation de mon père lors de mon inscription au collège avait pu susciter cette hypothèse. Mes espoirs étaient déçus. Il fallait résister à ces deux créatures qui ne détenaient aucune preuve sur mes origines. Je n'eus pas le temps d'élaborer une autre théorie. Les deux dames s'étaient déjà chacune emparées du fouet à neuf queues qui ne quittait pas le grand tiroir de leur office ; leur manche avait la longueur assurant le rebond des lanières après les coups. Les deux directrices éprouvèrent manifestement une grande joie à me punir ; elles me frappèrent de dix coups chacune, administrés en alternance jusqu'à ce que mon sang se répande sur le tapis. J'ai serré les dents, souffert plus que je ne le pensais possible. Mais j'ai eu raison de leur sadisme : le nom de Philippe Maire n'a pas été remis en cause.

Les mémoires de Georges-Arthur Goldschmidt* m'ont appris bien plus tard que les nazis avaient restauré la pratique du fouet dans les écoles. Les coups devaient subir un rythme particulier, deux coups rapprochés suivis d'un intervalle permettant d'évaluer la réaction du puni. Goldschmidt a reçu ce châtiment lorsque son maître d'école a découvert qu'il était fils d'un Juif converti au protestantisme. J'ai tenté de suivre sa bravoure que je ne connaissais pas encore, alors

* Georges-Arthur Goldschmidt, *La Joie du passeur*, CNRS Éditions, 2013.

que mon involontaire maladresse risquait de souiller l'honneur d'un combattant du Reich nazi.

Ma décision fut prise alors que j'étais à peine remis de ma punition. Je réussis à m'échapper du collège, profitant de l'émotion de la gardienne qui n'aimait pas le fouet, et me réfugiai en ville chez le bon docteur Mattei qui me pansa. Mon aversion pour le Reich hitlérien me parut alors sans limites, et un certain contentement de moi envahit mon âme.

J'ai été informé plus tard, lors de la libération de Grenoble, de l'incarcération des deux directrices pour complicité avec l'ennemi. Le collège de la Merci fut ultérieurement détruit pour permettre la construction d'une nouvelle université, et son parc abrite aujourd'hui le campus du centre hospitalier et universitaire de Grenoble.

CHAPITRE 3

Sévices nazis, du fouet au meurtre

Le collège de Notre-Dame-des-Glaciers, situé à Saint-Gervais, m'accueillit sans difficulté*. Son directeur, le père Vigoureux de Kermorvan, était un merveilleux soutien qui accordait un soin infini à ses pensionnaires, surtout à ceux qui souffraient de la guerre. Il était résistant, pourfendeur du fascisme, charitable, généreux et croyait fermement en la défaite nazie. Je fus très heureux auprès de lui, entouré d'une masse d'Alsaciens-Lorrains expulsés de leurs écoles par l'armée nazie, de quelques hommes refusant de rallier un service obligatoire, Wehrmacht ou recrutement de Vichy, de résistants taisant leurs projets, de quelques évadés des prisons allemandes, de Juifs français et luxembourgeois, et d'écrivains se battant contre l'hitlérisme. Le vent de liberté soufflant des cimes glacées dominant notre refuge entretenait l'espérance d'un proche épuisement du nazisme.

L'heure des bilans sonna malheureusement avec la venue des réjouissances de la liberté retrouvée. Une abominable souffrance accompagna l'information que les parents de mon père, dont je n'avais pas de nouvelles, avaient été arrêtés à Nice et déportés.

---

* Voir Philippe Klein, *Le Collège Notre-Dame-des-Glaciers du père Vigoureux de Kermorvan (1941-1944)*, L'Harmattan, 2019.

Ils avaient trop parlé dans ce qu'ils croyaient être une cachette sûre, mon grand-père surtout, qui tenait toujours à informer son entourage qu'il était alsacien de souche, patriote et républicain, et qu'à son âge, il ne craignait pas grand-chose.

On pense aujourd'hui qu'ils furent dénoncés par des Juifs slaves auxquels la Gestapo et la police de Vichy promettaient la vie sauve s'ils débusquaient des Juifs français. Le gouvernement du maréchal Pétain ne fit aucun geste en leur faveur. On a retrouvé la preuve de la présence de mes grands-parents dans le camp de Drancy. Ils furent jetés dans le convoi ferré n° 62 qui quitta la gare de Bobigny le samedi 20 novembre à 11 h 50 et arriva cinq jours plus tard au camp d'Auschwitz. Ce train contenait 1 200 déportés. 10 d'entre eux purent s'échapper et 29 survécurent. Tous les autres sont morts et leurs cendres à jamais dispersées sur les cailloux noirs de la plaine polonaise. J'ai appris à supporter ce qui me paraissait intolérable, préférant le silence à la plainte. La justice nous paraissait inopérante en face d'une telle monstruosité.

Un bilan s'imposait toutefois en sourdine. Le premier Kaiser nous avait éloignés de nos origines, les armes de son successeur creusèrent et amputèrent les chairs de la génération suivante ; leur successeur dément provoqua enfin, outre la disparition de mes aïeux, celle d'un petit-cousin, mort pendu aux sangles de son parachute au-dessus d'Arnhem, et d'abominables détentions à Buchenwald puis au Struthof infligées aux personnalités résistantes. L'emprise germanique pesait lourdement sur toutes les générations de ma famille, dont la mienne.

*

Mon père, portant casque et uniforme américains, et galons français gagnés lors du débarquement en Provence et les batailles qui suivirent, commanda une ambulance de la première armée française pendant la fin du conflit. L'épopée victorieuse des Alliés le mena dans le Bade-Wurtemberg défait. Il eut plusieurs fois l'occasion de nous parler de son évasion et de son retour victorieux en France, qui contribuaient à lui rendre l'honneur que prétendait lui dérober le régime de Pétain. Je fus passionné par ses descriptions du chaos allemand, de ses villes abrasées et soufflées, n'abritant que des vieillards à bout de souffle, des orphelins et des blessés. Le sol allemand exsangue, privé de chefs, d'armées, d'usines, proie de chapardeurs et de profiteurs de guerre, avait perdu son âme. Des appels à la vengeance, à un enfoncement dans une détresse sans appel se faisaient entendre chez quelques vainqueurs et des gens qui avaient perdu tout espoir d'une réparation ordonnée. Mon père, qui s'efforçait de rééquiper les hôpitaux avec du matériel américain, n'a pas toléré le pillage ambiant. Sa priorité consistait à rétablir un ordre moral. Ses permissions me firent découvrir Romain Rolland, *Au-dessus de la mêlée*, qui ne l'avait pas quitté depuis le début de la guerre, et particulièrement son appel à la modestie et à la fraternité : « Je n'ai jamais pu distinguer la cause de la France et de l'humanité […]. Je veux que la France soit aimée, je veux qu'elle soit victorieuse non seulement par la force, mais par la supériorité de son grand cœur généreux. Je veux qu'elle soit assez forte pour combattre sans haine et pour voir, même dans ceux qu'elle est forcée d'abattre, des frères qui se trompent et dont il faut avoir pitié, après les avoir mis dans l'incapacité de nuire*. » Je n'ai jamais oublié cette leçon de morale, sans doute la plus forte que mon père m'ait donnée.

*

J'ai eu l'occasion, pendant plusieurs décennies studieuses, vouées à la médecine, de pressentir malheureusement l'optimisme de ces âmes tendres et peut-être naïves dont faisait partie mon père. Mais je fus trop longtemps cerné moi-même par une discipline médicale

* Romain Rolland, *Au-dessus de la mêlée*, Payot et Rivages, 2013.

d'une exigence absolue pour me pencher sur la marche du monde. Je m'efforçais cependant de suivre l'actualité. Je fus ainsi un convive régulier des dîners du club « Le Siècle », une sorte de mess distingué qui rassemble des gens qui comptent ou croient compter dans la société parisienne. Des hommes politiques parfois au sommet du pouvoir, des inspecteurs des finances, des ingénieurs des mines et des ponts, des fonctionnaires de la Cour des comptes, du Conseil d'État et des Affaires étrangères, d'éminents journalistes s'y retrouvent le dernier mercredi soir de chaque mois. Cette « noblesse d'État », comme certains d'entre eux se reconnaissent, discutent en avalant un repas généralement prétentieux. La conversation, qui ne dépasse habituellement pas l'actualité immédiate, me convenait néanmoins.

Les convives interviennent dans le débat chaque fois qu'ils peuvent mettre en valeur leur participation à la vie publique, saluent les grands coups politiques du mois écoulé, s'étonnent en révélant le génie d'inconnus et fustigent les bévues des absents. Ces personnages écrasent le verbe d'invités tout aussi brillants mais dont les domaines ont une audience plus restreinte, ambassadeurs aigris par leur retraite, chercheurs sibyllins, industriels à la recherche d'aides publiques, hommes de lettres taciturnes, journaleux gardant le silence afin de pas compromettre leur dernier scoop, avocats laissés pour compte par le barreau, et illustres esprits n'ayant pas de quoi alimenter à intervalles rapprochés des convives qui savent déjà tout. Cet aréopage garde cependant une belle régularité entretenue par la jouissance de croire qu'ils partagent des confidences gouvernementales, et d'accéder, au moins le temps d'un dîner, aux rangs les plus élevés de la hiérarchie intellectuelle française. Ce rêve éveillé est particulièrement développé chez ceux qui n'ont pu l'atteindre lors de leur jeunesse par une réussite aux concours de l'État ; leur désillusion est particulièrement forte lorsque leur échec est venu de la forme plus que de l'ignorance, ou d'un simple mauvais sort les condamnant à une courtisanerie subalterne, sans grand lendemain.

Médecin universitaire, épris des merveilleuses avancées récentes de la science du Vivant, je n'ai jamais rêvé d'accéder aux cimes de l'intelligentsia de la République. Je fus convié dans cet illustre cénacle par la seule volonté de quelques amis et parents qui souhaitaient m'y retrouver. Mon assiduité a surtout traduit une envie et un besoin fréquents dans le monde de la recherche, l'espérance de découvrir le donateur miracle qui compense l'exiguïté des budgets publics. Mais Le Siècle ne m'a pas accordé ce privilège. Je me suis donc habitué à des soirées creuses, appréciant néanmoins l'habileté professionnelle des présidents de table pour réparer les dialogues effilochés, la cristallerie admirable des plafonniers baroques et la fine esthétique des moulures de l'Ancien Régime qui résistent au temps. Le sort ne me fut favorable qu'à la fin du dernier millénaire, après une dizaine d'années blanches.

Je me fis remarquer de façon inattendue, lors d'une algarade m'ayant opposé à un faraud officier français, convive d'un soir au Siècle. Après avoir écouté sa critique des certitudes patriotiques du gouvernement français concernant l'état du corps expéditionnaire dans les Balkans, je m'assis à une place proche de la sienne. J'allais alors manquer sans le vouloir aux prescriptions les plus élémentaires de la correction politique.

La tenue civile n'empêcha pas l'officier général de parler fort, avec l'autorité entretenue par une longue pratique des soutes de l'École militaire et sa participation récente au « groupe de contact » mis en place au Kosovo par l'OTAN. La conférence de Rambouillet qui venait de se terminer, essayant de ramener la paix entre Serbes nationalistes et soi-disant libérateurs, avait accordé un répit aux négociateurs. La presse parisienne du jour avait conclu à un échec.

Le militaire portait une veste dont la couleur terreuse, l'épaisse texture et l'excès d'ajustements témoignaient du travail d'un tailleur de garnison. Une rosette de la Légion d'honneur égayait le drap choisi par l'armée. Son verbe était intarissable. Le conflit, expliqua-t-il, avait d'emblée acquis une complexité balkanique mêlant religions et sous-religions, idéaux opposables, petites ethnies jalouses des dialogues ancestraux et dialectes qui ne se comprenaient pas. L'Occident devait affronter cet imbroglio. La France, seule, pouvait réussir. L'officier détailla le magnifique armement français, Mirage IVP, Super-Étendard et autre Rafale alignés dans les soutes du porte-avions nucléaire *Charles-de-Gaulle* qui attendait les ordres dans les eaux du Golfe en servant d'hôpital arrière. Il donna un complet satisfecit au général américain Nicolas Clark, chef d'état-major de l'alliance américaine, allemande, britannique et française, chargée par l'OTAN de maintenir l'ordre dans la péninsule des Balkans, qui savait reconnaître les coupables. Ce grand soldat donnait, selon lui, l'impression de s'y retrouver entre Serbes, Albanais, Kosovars turcs, musulmans, orthodoxes, membres de l'armée de libération UCK, soldats indépendants, complices ou adversaires du Serbe Slobodan Milosevic. La situation était malheureusement compliquée par la fréquence des exactions dans les combats rangés, et ce dans toute la péninsule, jusqu'aux rivages macédoniens et turcs.

Notre invité émit cependant avec une certaine solennité des réserves personnelles : l'état-major avait négligé de recourir à des officiers français qui savaient mieux s'y prendre que les Américains dans les résistances populaires. Le corps expéditionnaire allemand était plus fréquemment engagé que son homologue français, ce qui réduisait le recours à l'escadre française, provoquant d'inutiles dépenses. En particulier, l'implication de soldats allemands dans le bombardement de Belgrade, en quelque sorte réplique de leur participation pendant les deux conflits mondiaux, a déclenché une hostilité serbe à l'encontre de l'Allemagne dont l'Occident aurait pu se passer. Il était invraisemblable, ajoutait-il, d'avoir entraîné l'Allemagne dans cette nouvelle guerre des Balkans, d'ailleurs en opposition avec la Loi fondamentale de l'Allemagne fédérale. « Pourquoi mobiliser l'Allemagne et délaisser la force française ? », demanda avec prétention et à plusieurs reprises l'officier en affichant son mépris pour le contingent allemand.

Les propos de l'officier général m'insupportèrent. L'association de la grandeur inutile de l'armée française et d'un mépris pour le détail de son action au sein de l'Alliance évoquait carriérisme plus que passion. Son mépris vis-à-vis de l'Allemagne me fut intolérable. Considérer le recrutement de soldats allemands, légitime dans le cadre d'une alliance atlantique, sans étouffer des arrière-pensées douteuses quant à leur intervention, n'était pas admissible. Une violente colère, exprimant à l'évidence un orage chimique irrésistible, m'a envahi, irrépressiblement. J'interrompis brusquement le coupable, sans le moindre égard, avec toute l'indignation suscitée par ses propos péremptoires, ce qui s'était rarement produit dans l'ouate et le raffinement du Siècle.

Son discours se poursuivit par un catalogue des mesures qu'il conseillait au gouvernement français. Peut-être cherchait-il à attirer l'oreille d'une autorité susceptible de le charger des corrections nécessaires ? Le dîner du Siècle n'était pas le pire endroit pour évoquer les carences du bataillon français tout en réclamant la création d'une autorité civile facilitant la paix. Le nom de Bernard Kouchner fut prononcé. L'ambiguïté de la situation était grande : il fallait mériter le droit de bombarder massivement Belgrade, comme le réclamait un plan secret de l'état-major, afin d'exhumer de leur cachette les talibans, complices d'Oussama ben Laden et d'Al-Qaida, qui s'y terraient depuis leur départ de l'Afghanistan.

L'officier, enfin surpris par ma véhémence, se leva pour mieux encaisser mon courroux, qui l'assaillait malgré ses galons dans une mission officielle. J'avais conscience de mon abandon des convenances les plus élémentaires, mais ne pouvais ralentir l'orage qui me dévorait.

La bravache d'une armée française, devenue misérable auxiliaire de l'ordre international, couplée à une médisance de l'armée allemande prononcée pour estomper l'importance de la faiblesse française m'a révolté. L'apparente indifférence, en tout cas le silence des convives autour de la table, généra une déception supplémentaire. Je me suis tourné en vain vers la seule femme de l'assemblée, Mme Brigitte Sauzay, qui travaillait à l'Élysée et à Bonn en tant qu'interprète de conférence, et qui parut peu touchée par l'algarade, tout en m'encourageant, me semblait-il, de son regard limpide. Je me suis excusé de mon emportement auprès de mes voisins dès que le dîner fut achevé. Je m'enhardis à leur demander le nom et la fonction précise de l'homme que j'avais agressé, afin de lui adresser un mot de regrets. Mme Sauzay semblait connaître l'homme que j'avais agressé. Je n'ai pas oublié sa réponse me conseillant d'oublier l'incident. « Un bon moral exige de négliger les personnages désespérants et leurs propos ineffables », me glissa-t-elle à mi-voix.

Un gendarme motocycliste m'apporta le lendemain une enveloppe cachetée, portant l'en-tête du Quai d'Orsay. Elle contenait une invitation à participer dans les jours suivants au colloque d'une association culturelle favorisant des débats franco-allemands, organisée dans un château des environs de Berlin, dans le village de Genshagen, soutenu par le gouvernement allemand.

CHAPITRE 4

Surprises prussiennes

Je ne connaissais de l'Allemagne que ce que ses voisins découvrent lors d'une visite éphémère, quelques donjons en ruine, des villages rigoureusement ordonnés autour de leur église, avec leurs petits orchestres campagnards dominés par des cuivres, des joueurs replets en culottes courtes qui s'époumonent et de vastes étendues forestières apparemment imperméables. Je me réjouissais de découvrir l'Allemagne profonde qui mène le monde, faisant le bonheur et le malheur des peuples, sa capitale redevenue cité européenne et la force vive présidant à sa résurrection. J'étais aussi curieux de connaître Genshagen et la province du Brandebourg qui avait suscité pendant sa longue histoire tant de gloire militaire et de talents artistiques. D'autant plus que ce château inconnu affichait la prétention, selon mes informations, de refaire un monde dirigé par l'Allemagne, la France et la Pologne. Une nouvelle Europe pouvait y être en germe.

Mes premiers rêves de Berlin évoquèrent une ville lointaine, peu amène dans la noirceur hivernale, le froid et l'humidité agressifs. La rigueur imposée par une Prusse longtemps casquée, bottée et très protestante, ne quitta pas mon imaginaire pendant que je me préparais à quitter Paris. Ma mémoire m'inquiéta en rappelant le mécontentement que quelques grands personnages formulèrent à l'encontre de la capitale prussienne. Voltaire, logé les premiers temps de son séjour berlinois dans le château du grand roi Frédéric II, s'est plaint des bruits de bottes et des sons de fifres des manœuvres trop matinales de l'armée prussienne. Jean Le Rond d'Alembert a refusé de le remplacer à la présidence de l'Académie de Berlin, parce que la cour royale n'offrait ni distraction ni femme disponible, mais seulement une noblesse frileuse qui se couche tôt pour arrêter un chauffage dispendieux. Le jeune Mirabeau n'a trouvé à Berlin que les éléments qui lui permirent d'écrire un livre scabreux sur la ville et sa monarchie. François-René de Chateaubriand fut nommé ministre de France à Berlin par le roi Louis XVIII pour l'empêcher de présenter sa candidature à des postes enviés du royaume ; et le délicat vicomte de Chateaubriand n'aimait pas la Prusse militaire, austère, protestante, où l'influence française était celle des huguenots qu'il détestait par principe.

Ces regrets et, sur toutes les murailles publiques, les portraits d'immenses personnages boudinés dans des uniformes rutilants empesés de médailles et barrés de grands cordons, de soldats enfermés dans de lourdes armures, de bourgeois bedonnant cramoisis maltraitant des redingotes trop ajustées et véhiculés dans les bas-fonds historiques, empiétaient sur mes images mentales habituelles. Cependant, des poésies chantant la nature et l'amour, de vastes fleuves torrentiels et des forêts infinies, œuvres de l'Être suprême, joignaient leur romantisme par intermittence. Ils furent gravés dans mon esprit par mon premier maître d'allemand pendant la guerre, sans se préoccuper des événements politiques et y furent entretenus à chaque nouvelle évocation de l'Allemagne qui réussit à leur accorder une universalité éternelle. J'éprouvais aussi une sorte d'angoisse à l'idée de découvrir les destructions désastreuses de la guerre et de devoir faire face à des regards sans doute encore chargés de tristesse, peut-être de haine.

Philosophie, histoire, émotions, angoisses et souvenirs de casques à pointe, m'ont vite communiqué la perception d'aborder un site unique au monde où l'inquiétude se mêle intimement à l'admiration. Mes premiers pas dans la ville confirmèrent cette ambiguïté sous la menace de quelques squelettes d'immeubles, que l'on pouvait croire instables, survivant depuis un demi-siècle aux bombardements de la Seconde Guerre mondiale, en attente d'un bâtisseur ou d'un démolisseur, avec de vilaines cicatrices sur des parois désunies qui semblaient annoncer une fin proche. Mais d'admirables structures modernes transparentes, verre et acier, s'articulant en montant jusqu'aux nuages, les entouraient et des chantiers immenses couverts de bétonneuses mobiles sur chaînes les cernaient, indiquant un rythme étonnamment rapide de reconstruction. Des grues opéraient par dizaines dans toute la ville. Les bombes n'avaient pas vidé Berlin de son énergie vitale et créatrice malgré des dégâts laissés à chaque coin de rue.

Reposant sur une petite place, l'épave sauvée d'une cathédrale semble en convalescence : c'est la Kaiser Wilhelm Gedächtniskirche, l'église du Souvenir – souvenir miséricordieux d'ailleurs à l'égard d'un roi qui l'a menée dans l'état où elle se trouve ; elle associe un clocher amputé de son sommet ressemblant à une grosse branche cassée, à des résidus de voûte et de transept. Les reliquats néogothiques de l'édifice, panachés de granite et de calcaire moderne, ont gardé leur virginité, éclatante au sein d'une bâtisse noircie, visiblement à bout de forces. D'immenses ferrures viennent à l'aide des arcs-boutants ayant encore quelque fonction d'étayement. Elles préservent l'ombre de la cathédrale devant laquelle le Kaiser en grand uniforme de la flotte et son épouse, enfouie dans une incomparable fourrure au poil long, testaient d'un coup d'œil oblique la fidélité de leurs sujets dès leur arrivée. Cet édifice d'un nouveau genre, mi-ruine mi-sanctuaire, avertit le visiteur que Berlin panse les destructions massives infligées par les bombes alliées, surtout britanniques.

Une remarquable restauration a rendu beaucoup de civilité, mais des vides empiètent encore sur les îlots d'immeubles, vestiges sinistres de bombes infernales. Les Berlinois ont su en profiter en les transformant en cours intérieures fleuries et petits parcs aérant délicieusement la cité. L'enfer qui s'est abattu sur la ville impériale a laissé un souvenir éternel, mais les séquelles ont perdu leur monstruosité.

J'ai découvert dès mon arrivée que les Berlinois ont su s'adapter au pire : pendant les ténèbres de la guerre et de l'occupation soviétique, prisonniers dans leur ville ne respirant plus, ils ont survécu en transformant en potagers les parcs publics épargnés par les bombes.

*

Mes hôtes m'avaient retenu une chambre dans un hôtel de la proche Meinecke Strasse, une petite rue qui contribue à alimenter la circulation des artères principales de ce qu'il était convenu d'appeler Berlin-Ouest. Savoir que Friedrich Meinecke fut un brillant historien universitaire qui n'écouta pas les sirènes du nazisme me rasséréna. L'immeuble était cossu, ne compromettant pas l'allure de fin de siècle qui lui fut donnée, protégé des combats par la relative largeur de sa rue, datant de l'époque Biedermeier*, dénomination qui évoque une interaction stylistique de l'époque classique et de l'art moderne et n'ayant produit que du confort. Les bombes anglo-saxonnes ont heureusement épargné les immeubles jusqu'aux alentours proches de l'hôtel, laissant intacts échoppes et rails de tramway. L'hôtel est ventru, comme ses voisins, en raison d'une habitude architecturale à aménager au deuxième étage les pièces de réception. Mais les chambres qui occupent les étages supérieurs sont d'une étroitesse monacale et d'un confort élémentaire. Il est vrai que le prix affiché par l'hôtel est d'une grande modestie. Il s'agit d'ailleurs à vrai dire plus d'une pension que d'un hôtel comme l'indique d'ailleurs le nom Pension Meinecke gravé sur l'une des nombreuses plaques de cuivre qui couronnent la porte d'entrée. L'escalier principal est plus vaste qu'on ne pouvait s'y attendre, composé de marches qui se laissent gravir sans peine et sa rampe est ornée aux étages de volumineuses pommes de pin, sculptées dans un chêne dense et supportant un

* *Biedermeier* est un nom qui renvoie au style autant qu'au genre de vie, de mentalités et de repli, sur l'intimité, la vie familiale et les valeurs bourgeoises qui auraient caractérisé les années 1815-1848.

cristal authentique, sans doute taillé dans des ateliers de la Bohême relativement proche et experte dans le genre. Le système hydraulique de l'ascenseur central, une volumineuse colonne métallique huilée qui projette dans les hauteurs sa vaste cabine finement grillagée, déclenche des chuintements et des jets de vapeur assourdissants. La cellule qui me servait de chambre donnait heureusement sur une petite cour d'où s'échappaient les arpèges d'un bon piano.

Les Berlinois, ai-je vite découvert, se plaignent peu de leur métro, rarement interrompu, pouvant faire croire qu'il est gratuit par sa double couleur rétro, des distributeurs de billets sans surveillance, sa vitesse et ses borborygmes spécifiques, traversant la cité de part en part et la reliant au formidable développement d'une banlieue champignon dont la surface couvre huit fois celle de Paris avec une population cinq fois moins dense.

La ligne du S-Bahn, train des espaces lointains, raccordée au réseau urbain proprement dit, me conduisait au Kurfürstendamm, le Ku'damm, voie des équipages royaux, reliant, entre autres services, leurs anciens terrains de chasse à l'ouest de la capitale aux campagnes méridionales du petit terminus de Blankenfelde.

J'accédai à la ligne souterraine au terme d'une longue descente dans la profondeur d'une immense gare encombrée, aidé par un ascenseur et plusieurs escaliers roulants, une attention courante dans toute la ville, peut-être décidée après la guerre devant l'afflux d'estropiés. Les avertissements criés à chaque départ de train par les contrôleurs chargés de prendre garde à la fermeture des portes retentirent. Ces *zurückbleiben, zurückbleiben !* (« en arrière ! ») rassurent les voyageurs. La longue rame colorée du train berlinois fila sous terre, ne faisant surface que rarement et pour peu de temps, permettant d'apercevoir de hauts murs aériens mais aveugles, sans âme, proches de leur fin quoique confortés par une couverture végétale qui semblait leur transmettre un peu de sa vie. Berlin ne s'épuise pas en banlieues périphériques reconnaissables par leur concentration d'insalubrité, à l'instar des grandes métropoles modernes. Quelques hautes cheminées, des citernes aux formes recherchées, des pièces d'eau, des barrages et les silhouettes fantomatiques des instruments de l'industrie lourde, dressées entre des pavillons résidentiels entretenus sans relâche, indiquent la proximité des limites de la ville. Celle-ci se termine à pic sur la campagne, sans l'épuisement progressif qui caractérise habituellement les transitions des villes aux campagnes. Berlin n'a pas de banlieues. Celles-ci furent intégrées dans un grand Berlin impérial en gardant le nom de leur village principal. Les forêts préexistantes à la dernière guerre ont résisté, ne se laissant déposséder que par un empiétement minimal des immeubles.

Je les ai admirées du S-Bahn, lorsque son trajet devient aérien. Elles ont gardé l'aspect de toutes celles qui se développèrent dans la grande plaine nordique lorsque ses glaciers l'ont fuie lors d'un antique réchauffement terrestre. Les pins sont nombreux et majoritaires, serrés les uns contre les autres, réservant leurs aiguilles à leurs cimes ensoleillées, et laissant leurs troncs rougir dans l'ombre des sous-bois. Leurs alignements infinis communiquent une impression mêlée de sérénité et de vitalité à laquelle mon cerveau ne s'est pas refusé, accusant déjà une sorte de compatibilité avec l'âme berlinoise.

La gare de Blankenfelde n'est qu'une médiocre salle d'attente ouverte à tous les vents, qui s'est éloignée de la pinède pour se couvrir de hêtres et de buissons vulgaires. Elle est à l'image des villas qui l'entourent, propriétés de rentiers aisés rappelant celles que l'on imagine avoir été des foyers de résistance antinazie, telle la belle demeure de briques et de bois, toute proche dans la commune de Berlin-Lichterfelde, qui abrita Moltke et Yorck de l'héroïque Cercle Kreisau*. La plupart des passagers du S-Bahn y retrouvent leur bicyclette. Le chauffeur de taxi que j'eus la chance de trouver, le seul disponible, fut si empressé que je crus être le client de sa journée. Il m'expliqua, dans un patois brandebourgeois difficilement

* Sur la résistance contre Hitler, voir Philippe Meyer, *Allemands contre Hitler*, préface de Susanne Wasum-Rainer, L'Âge d'Homme, 2015.

compréhensible, qu'il avait commencé sa carrière pendant que la République démocratique socialiste était au pouvoir. Il l'avait regrettée, après la chute du Mur, déçu dans ses espoirs de voir une clientèle aisée s'y installer. La garantie de l'emploi avait cessé avec ce changement radical et la vie devenait difficile. Tout indiquait cependant que Berlin avait retrouvé sa force et son énergie. L'historien Étienne François s'est servi de cette évolution pour montrer qu'« il n'y a pas de fatalité dans l'histoire* ».

Je suis arrivé dans cette périphérie berlinoise sans avoir le temps d'en découvrir le centre. Je n'ai jeté qu'un bref regard sur quelques endroits du quartier étendu sur Tiergarten et Charlottenburg, qui m'a accueilli à la limite ouest de la ville ; celui-ci est une pièce de l'archipel berlinois formé par la succession d'immenses espaces, construits ou en friches, reliés par des ponts-frontières invisibles. Je me suis cependant aventuré après une longue marche dans un immense dédale urbain vers une extrémité de ce Tiergarten, qui est une forêt au sein de la ville, peuplée d'animaux sauvages, entrecoupée de vastes pelouses, d'eaux dormantes comblant des trous de bombes et les transformant en petits lacs poissonneux, et de petits hôtels particuliers devenus sièges administratifs de la Ville ou de l'État. J'ai croisé et repéré une Rauchstrasse – rue de la Fumée –, tendue dans une portion boisée entre un lac, des guinguettes et des voies de circulation automobile. L'État fédéral allemand a situé son Institut de politique étrangère dans cette petite rue de la Fumée. Son éloignement de la chancellerie reconstruite dans le centre de Berlin, a peut-être contribué à réduire les interventions intempestives.

L'avenue dite « des princes », le Kurfürstendamm, mène dans une direction opposée, vers les dernières habitations de l'Ouest berlinois. Cette rue, fierté de la noblesse et des officiers berlinois qui y montraient à la belle époque leurs équipages et leurs écuries, devait ressembler aux Champs-Élysées. C'était du moins le souhait

* Étienne François et Thomas Serrier, *Europa, notre histoire*, Les Arènes, 2018.

du chancelier Bismarck dans les années 1880. Un curieux phénomène a concentré la richesse en son centre et la petite vie berlinoise en ses extrémités, la Zoo-Bahnhof et deux places périphériques, la Breitscheidplatz et la Tauentzienstrasse, dans lesquelles les petites gens se sentent à l'aise. La richesse est restée au milieu, commençant avec le groupe d'hôtels et de pensions où j'ai pris gîte. Mais le quartier à peine sauvé du désastre hitlérien a subi l'évolution qui menace toutes les capitales occidentales : les théâtres ont fermé leurs portes, remplacés par des magasins, surtout de mode, qui eux-mêmes ont cédé leurs places à des drugstores et autres comptoirs sportifs. Les librairies ont subi un sort identique devant l'assaut de nourriture terrestre, saucisses et truites fumées. La misère n'a guère profité aux classes populaires. Elles ignorent les débords de consommation, célèbrent leurs grands jours dans les buffets souterrains de la gare, spécialisés en poulpes panés et frites, ou dans les ombres de ruines qui favorisent les ventes et les échanges clandestins loin de l'attention du Berlin redevenu huppé.

CHAPITRE 5

Genshagen, havre de reconstruction

Le village portant le nom de Genshagen se trouve à moins de 20 kilomètres de Blankenfelde, terminus du S-Bahn. Il a été créé par quelques colons hollandais, venus ici pour trouver du travail sous le règne du Grand Électeur Frédéric-Guillaume, au XVIIe siècle. Il est donc contemporain de l'arrivée des huguenots en Prusse. La limite de la forêt, une vaste prairie plus propice à de nouvelles constructions qu'à la culture et la croisée de deux chemins traversant de part en part le Brandebourg, extrémité campagnarde et profonde de la Prusse, ont favorisé la naissance de ce bourg, bizarrement resté imperceptible à côté du monstre berlinois. Aucun bétail n'y paît. Les murailles urbaines en ferment le décor lointain.

Le chauffeur du taxi qui me transportait m'informa que l'endroit fut le champ de la première bataille perdue par Napoléon lors de la guerre de libération de la Prusse en 1814. Toute la région est encore redevable de cette glorieuse issue. Les pertes françaises furent considérables. Le chauffeur m'a assuré que, dans les mauvais sillons des premiers labours annuels, des boutons d'uniformes portant l'aigle impériale française brillent encore de temps à autre, témoignant d'une inépuisable mémoire de ce lieu champêtre. Il s'est cependant montré indifférent au changement de nom de Prusse en Brandebourg qui fut décidé à la fin de la Seconde Guerre mondiale pour oublier le militarisme et l'impérialisme prussiens.

Des interrogations sur l'Allemagne nazie fusaient dans mon esprit en même temps que l'allusion au passé. Que s'était-il produit dans cette terre aujourd'hui paisible et peu peuplée pendant la décennie noire du nazisme ? Combien d'arrestations agressèrent la bourgeoisie prussienne qui y vivait alors ? Que s'est-il passé lorsque la horde des blindés soviétiques traversa la plaine pour maîtriser le Führer à Berlin ?

Je gardais pour moi ces interrogations, sachant qu'un chauffeur de taxi relativement jeune n'aurait su y répondre. Les lectures que j'avais faites hâtivement ne m'avaient guère renseigné. L'éminent historien Fritz Stern faisait de l'acceptation du nazisme une réaction de défense de la classe intellectuelle allemande, visant à sauvegarder sa personnalité : « Les élites allemandes, en particulier la vieille classe féodale agraire en déclin économique, une grande partie des capitaines d'industrie et des banquiers en pleine ascension ainsi que les professeurs, se voyaient comme des gardiens spécifiques de la nation. Ils croyaient ou bien s'imaginaient que l'Allemagne se trouvait assiégée par un cordon d'ennemis, à l'extérieur et surtout à l'intérieur. La marée montante de la social-démocratie leur paraissait de nature à menacer leurs valeurs, leurs privilèges et leurs biens*. » Cette explication, sans doute valable, ne tient cependant pas compte de la défense du surhomme allemand. Le brillant journaliste Matthias Matussek a accusé la propagande de l'État nazi qui s'insinuait dans le discours des écoles**. Mais il n'a rien dit sur les conditions qui l'ont permise. Je me trouvais dans une contrée qui ne livrait pas ses

* Fritz Stern, *Rêves et illusions. Le drame de l'histoire allemande*, traduit par Jeanne Etoré, Albin Michel, 1989.

** Matthias Matussek, *Nous, les Allemands*, traduit par Olivier Mannoni, Saint-Simon, 2007.

secrets. La campagne du Brandebourg contribuait à ce mystère par son silence, son immensité et son isolement.

Le village de Genshagen surgit brusquement d'un immense bosquet de hêtres et d'aulnes, étirant une vingtaine de maisons avec une pièce principale et son attique le long d'une petite voie à peine sortie du statut de route forestière. Nous n'avons croisé qu'une vieille dame, clopinant maladroitement sur la chaussée défoncée, enveloppée d'une longue robe de laine noire, courbée sur un sac laissant voir quelques branches de bois mort, alimentation probable du chauffage que la fraîcheur des soirées rendait encore nécessaire. Les rideaux de toutes les fenêtres étaient tirés dans ces masures que leur délabrement et leur noirceur rapprochaient de catafalques d'une ville décimée par quelque épidémie. Le seul endroit éclairé était une petite épicerie vendant des biscuits secs et de la bière. Le seul endroit entretenu, bien qu'également désert, était un petit jardin entourant la petite église locale qui servait les deux cultes, luthérien et catholique, et finalement le seul lieu évoquant une présence humaine par des pierres tombales fleuries séparées par une herbe rase qui n'aurait pas dépareillé un cimetière oxonien. Les changements politiques ici sont soigneusement ignorés par les lieux de culte. Le pasteur, qui s'occupe du jardin, a reçu naguère une médaille des mains du président communiste Erich Honecker, accompagné de l'évêque Albert Schönherr, responsable de l'Église évangélique de ce coin du Brandebourg ; son application au travail n'était pas passée inaperçue. Nous étions dans l'ancienne Allemagne « démocratique », en réalité communiste, et elle n'avait pas réalisé qu'elle était redevenue pure allemande depuis quelques semaines.

Le château du village de Genshagen avait ouvert sa grille principale devant l'église, comme si elle en était une sorte de dépendance ; elle ouvrait sur une vaste allée large et sablonneuse, menant vers l'élégante façade de l'édifice, trois étages de pierres meulières rosées et de briques supportant un immense toit d'ardoise dont le faîte est occupé par un petit dôme et un clocheton entourés d'un fin balcon en fer forgé protégeant les visiteurs audacieux. Une plaque de cuivre neuve et rutilante, apposée sur le portail, indique en allemand et en français sa présente vocation : Institut franco-allemand de Genshagen.

La porte d'entrée, surélevée au-dessus d'un épais escalier pierreux, est protégée par six colonnes de marbre vert supportant une vaste marquise en verre dépoli. Quelques grandes fenêtres ovales festonnées de feuilles de chêne permettaient d'entrevoir le salon principal qui occupait le centre du bâtiment jusqu'à une immense terrasse dominant le parc. L'architecte de Ludwigfelde, une bourgade, chef-lieu des environs du château, avait scrupuleusement suivi les fantasmes baroques de son propriétaire qui s'était enrichi en concevant des boîtes de conserve. Mais il avait gardé la liberté des plans de l'aménagement intérieur, qu'il avait conçu dans un confort rustique et prussien, usant largement de boiseries, et multipliant les petites pièces autour d'immenses cheminées. Cette noble installation résista malheureusement mal au temps, son maître ayant très vite proclamé son adhésion au national-socialisme et ayant accepté quelques compagnons d'Hitler que l'armée régulière délogea rapidement dès que s'affirma l'hostilité nazie vis-à-vis de l'Union soviétique. Les palinodies de la politique du Reich y substituèrent progressivement des corps militaires d'une autre trempe et des administrations. L'occupation la plus mémorable fut celle de l'armée soviétique dont les bottes emportèrent l'épais parquet en chêne et les beuveries endommagèrent à jamais les boiseries.

*

Lorsque je parvins au château, une grande animation régnait, contrastant avec le silence du village et de sa campagne. Brigitte Sauzay, très entourée, occupait le péristyle d'honneur. Elle me fit un signe de bienvenue qui encouragea mes remerciements pour son invitation et un nouveau regret pour mon intolérance lors du dîner du Siècle. Mais Brigitte était très éloignée des états d'âme de la capitale française. Elle était chez elle à Genshagen, libre de vivre à l'allemande comme elle l'aimait. Sa mystérieuse passion amoureuse pour l'Allemagne, qui dépassait celle que suscite la culture allemande, jointe à un maniement parfait de la langue, la sortait des convenances parisiennes et de son cocon de collaboratrice du Quai d'Orsay. Elle devenait curieuse du sort de chacun, aimable avec les inconnus, soucieuse des sans-grade, politique et témoignant son admiration au fédéralisme, à la démocratie de la République allemande et, naturellement, chaleureuse avocate de la réunion des deux Allemagnes au sein de l'Europe. Mes compliments sur le château lui plurent : « Vous avez raison, cher Philippe, répondit-elle avec une émotion perceptible, l'endroit est l'un des plus romantiques de Prusse. » Theodore Fontane, l'aimable et talentueux pharmacien du quartier berlinois de Kreuzberg, bon écrivain, un peu mondain, qui aimait se faire inviter dans ses châteaux, a aimé notre campagne. Il y a sûrement trouvé l'inspiration de son roman *Frau Jenny Treibel*. Passons sur Gross-Beeren dont vous connaissez déjà l'histoire. Sachez encore que la libération du joug napoléonien fut initiée ici par Fichte qui y trouva l'inspiration de son célèbre discours : « Prenez-la immédiatement cette décision, assurait-il ; ne dites pas : laissez-nous nous reposer encore un instant, dormir et rêver encore un peu jusqu'à ce que les choses s'arrangent d'elles-mêmes. [...] hâtez-vous d'extirper de l'histoire des Allemands la période honteuse qui s'achève. »

Brigitte avertissait ses auditeurs. L'Allemagne n'était pas ce pays de « lourdauds » en culotte de cuir que l'on découvre en Bavière. Les provinces du Nord et de l'Est sont des provinces créatives, courageuses, et cultivées. Genshagen en est un bon exemple. Nous parviendrons à réaliser l'Europe plus intensément que partout ailleurs. Brigitte Sauzay avait une certitude absolue de ses croyances, ses modèles étant ces femmes ayant donné leur vie à l'Allemagne, les héroïques Marianne Baum, Anne Frank, Rosa Luxemburg, et autre Sophie Scholl. Sa vie était dédiée à la promotion d'une forte relation franco-allemande et à la préparation d'une dense intimité entre les deux pays ; elle espérait que ses amis en fassent autant. Par « forte relation », elle entendait sans doute une fusion en un seul État, mais elle en mesurait l'extrême difficulté. Elle s'efforçait de séduire les membres éminents de la société civile allemande qu'elle conviait en considérant que le rapprochement qu'elle prônait représentait un devoir fondamental.

Les Allemands la respectaient pour son intelligence, son intérêt pour l'Allemagne et la perfection de son allemand acquise pendant plusieurs années de formation dans le pays après sa libération de l'emprise nazie. Elle me parut une sorte de réplique de Mme de Staël, pour son admiration sans réserve pour l'Allemagne, accompagnée d'une méfiance vis-à-vis des hommes politiques.

J'ai réalisé la raison de mon invitation en l'écoutant à Genshagen. Elle n'a jamais caché ses véritables intentions qu'elle a aussi révélées dans son livre *Retour à Berlin*, écrit après la chute du Mur en 1989. « En quoi l'intégration de l'est de l'Allemagne a-t-elle changé la relation franco-allemande ? Contrairement à une idée parfois complaisamment admise, l'unité ne va pas de soi. Comment retrouver l'Allemagne à la fin du vingtième siècle ? Comment et pourquoi aller à la recherche de ce temps perdu, enfoui sous le passé récent, sous ce vingtième siècle terrible, ensanglanté par deux idéologies qu'elle a enfantées ? Parce que l'Allemagne désormais unifiée doit chercher à rétablir sa continuité, en plongeant ses racines profondément dans l'histoire*... » Brigitte Sauzay, vice-présidente de l'Institut Genshagen, gérait la participation française aux colloques décidés par le professeur Rudolf von Thadden, son alter ego responsable des Entretiens de Genshagen.

*

* Brigitte Sauzay, *Retour à Berlin. Journal d'Allemagne*, Plon, 1998.

Je fis le tour du château, me faufilant entre les groupes d'invités, habillés pareillement de vêtements sombres que l'on aurait plus attendus dans un parterre de fans d'opéra que dans un parc ayant subi les ravages d'une occupation militaire de quarante ans. L'extérieur du château me sembla déjà presque entièrement rénové, mais le mur mitoyen avec une petite industrie alimentaire, encore fissuré de part en part, était perméable à des odeurs âcres, particulièrement envahissantes lorsque le vent du nord se lève, expliquait le jeune homme qui faisait fonction de jardinier. Les cigognes s'échappent alors de l'immense nid coiffant la cheminée principale de la fabrique voisine pour piéter sur la grande pelouse humide des eaux du château, en hésitant maladroitement dans leurs mouvements élémentaires, visiblement incommodées. La réception les cloua dans leur abri, à mon grand regret, car elles me rappelaient le fétichisme alsacien qui les concerne.

L'intérieur du château pouvait être atteint librement à partir de la grande terrasse arrière qui domine splendidement le végétal. Des réparations, effectuées par une académie de l'agriculture socialiste qui succéda pour un temps aux militaires, avaient rendu fréquentables les pièces de réunion. L'immense cheminée du salon et son enveloppe de vieux chêne étaient même redevenues hospitalières. Mais les chambres du château et sa cuisine n'avaient pas bénéficié de cette attention. Sa transformation en centre culturel franco-allemand n'était donc pas achevée. Rudolf von Thadden en était le maître d'œuvre. On lui devait la plaidoirie qui avait décidé le ministre-président Manfred Stolpe, responsable du Land de Brandebourg, à autoriser l'installation d'un centre culturel dans un domaine appartenant au Land. Il est vrai que l'État fédéral prenait en charge une part importante du budget de fonctionnement, et que la consolidation de l'Europe se profilait alors favorablement.

L'éloquence et la force de Thadden furent décisives, naturellement aidées par les liens d'amitié qui unissaient depuis longtemps les deux hommes, leur engagement commun dans la social-démocratie et la

Réforme luthérienne. Une même espérance de culture, d'humanisme et de paix les stimulait. Stolpe et Thadden s'entretenaient devant la grande cheminée lorsque je pénétrais dans le salon. Le ministre était d'une discrétion absolue, avare de gestes et de mots, concentré derrière un regard bleu azur, apparemment enchanté de l'enthousiasme de son ami.

Thadden ne passait pas inaperçu par sa puissance physique et la solidité qui en émanait. À l'inverse de son interlocuteur, il ne ménageait pas son expression, se laissant aller à de longues diatribes entrecoupées de rires et d'exclamations qui interrompaient à peine son allemand, parfaitement articulé et autoritaire, comme le parlent quelques vieux aristocrates prussiens. Son regard, également clair, amplifié par des verres sans monture, paraissait capable de percer l'intimité de son interlocuteur dès les premiers échanges. Son puissant visage, l'épaisseur de la nuque conforme au morphotype évocateur d'une province orientale ou nordique affichaient une certaine ressemblance avec feu le chancelier Bismarck. Il n'y avait rien de surprenant à cela, les Thadden étant membres d'une des familles authentiquement prussiennes qui avaient suivi la « poussée vers l'Est », installés dans le Land depuis les débuts de la christianisation des Slaves et ayant vécu selon le rythme des junkers, ses premiers nobles. Rudolf, qui n'aimait pas l'hégémonie et la brutalité bismarckiennes, était cependant fier de rappeler les amours de Bismarck et de sa grand-tante Marie. Il était plus à l'aise, avec Elisabeth von Thadden, une autre tante appartenant à la génération suivante, très appréciée dans la société berlinoise, qui fut assassinée par la Gestapo pour son refus public du nazisme, qu'elle prétendait incompatible avec sa foi évangélique. La personnalité de Rudolf von Thadden était aussi parfaitement complétée par le souvenir de ses deux frères aînés Ernst-Dietrich et Leopold von Thadden, tombés lors des assauts inutiles et improductifs de Stalingrad et de Koursk, et de son exil forcé en Suisse avec sa mère lorsque l'armée rouge les chassa de leur domaine prussien de Trieglaff.

Rudolf von Thadden se montra très cordial : « Ah ! je suis content de rencontrer un homme courageux qui n'hésite pas à défier la prétention des pontes de l'armée française, dit-il en m'embrassant. Soyez le bienvenu à Genshagen. Brigitte m'a dit beaucoup de bien de vous, considérez-vous comme un membre de la famille. » Et Thadden nous conduisit vers la petite auberge de Gross-Beeren où une imposante collation était servie. Elle servait de dortoir et de salle à manger tant que Genshagen ne pouvait y pourvoir. L'endroit plaisait davantage aux amateurs d'histoire qu'aux représentants commerciaux ; un colossal mémorial en bronze verdâtre, ayant la forme d'un obus ou d'une fusée, célébrant la défaite de Napoléon, était visible de toutes les fenêtres du petit hôtel qui nous attendait. Son imposante masse, ornée près de sa base de grandes croix de fer, se dressait vers le ciel, protégée par d'épaisses et inviolables chaînes métalliques tendues entre des bornes de granite sombre qui contribuaient à sa pérennité. Thadden précisa que l'érection du monument avait été soutenue par la vogue bismarckienne, très active entre les deux guerres mondiales.

Thadden installa sa table à proximité de murs couverts des portraits des grands chefs de guerre qui gagnèrent la bataille de Gross-Beeren. Il s'agissait de copies de tableaux exposés dans les grands musées de Paris et de Berlin, en particulier de l'illustre toile d'Horace Vernet. Thadden avait pris place au-dessous de Bernadotte exténué, mais dont les petits yeux noirs n'avaient rien perdu de la vivacité paloise qui le mena sur le trône de Suède après avoir trahi l'Empereur. Le ministre-président Stolpe se trouvait entre les pattes nerveuses du cheval d'Oudinot. Les deux Français, Brigitte qui nous avait rejoints et moi-même occupions le côté libre de la table, bizarrement distant de ces évocations historiques qui n'étaient pas à leur avantage mais qui ne perturbèrent pas en réalité la conversation.

CHAPITRE 6

Table rase de la politique

La marche et le succès de l'Institut occupaient les esprits. Une remarquable lignée de notables a assisté aux premières réunions. Les présidents Kohl et Weizsäcker, le chancelier Schröder, le premier secrétaire Wojciech Jaruleski, Michel Rocard, Jacques Delors, Jean-Claude Junker et Kofi Annan, entre autres, furent intéressés au point d'oublier l'inconfort d'un gîte portant encore les traces de la guerre. Le président Valéry Giscard d'Estaing a plusieurs fois fait savoir qu'il aimerait connaître Genshagen. Tous ces hommes ont contribué à diffuser l'humanisme et la tolérance qui président à ses colloques, l'écart de toute interférence politicienne, partisane ou syndicale. Genshagen est une place de réflexion où brillent les Lumières et où la raison l'emporte sur l'empirisme, les rêves, le romantisme et la bêtise humaine. Sa philosophie est dans une large mesure calquée sur la pensée de Kant : ne rien proposer qui ne soit réalisable, avec un intérêt dûment prouvé et qui ne satisfasse les populations.

Les auditeurs français furent particulièrement sensibles à ce langage qu'ils n'avaient jamais entendu dans leurs cercles nationaux. Le président Stolpe a reçu des encouragements de l'étoile montante du parti social-démocrate à Potsdam, un dénommé Platzeck, et Brigitte Sauzay ceux de l'entourage du chancelier Kohl. Le monde politique découvrit une ambiance créatrice située à mille lieues des principes que présupposent les engagements de partis. Les institutions engagées politiquement, les fondations Friedrich-Ebert, Bosch et Adenauer, l'Institut franco-allemand de Ludwigsburg, ne cachaient pas leur surprise quant aux options décidées par Genshagen. La fondation française Robert-Schuman n'y crut pas beaucoup.

Thadden qualifia le public de Genshagen de « population civile », ce que Stolpe trouva peu évocateur de l'esprit qui y régnait. Brigitte parla plus clairement de pédagogie sociale. Le manque de pédagogie était dans son esprit une cause essentielle des erreurs de l'histoire. Elle l'associa aux objectifs proposés par Thadden.

L'ignorance de l'action publique fut en effet la cause majeure de tous les désastres du siècle. Les délégués à l'information des gouvernements ne sont que des personnages de propagande qui commentent ce qui est, mais non ce qui devrait être. Ils ne sont relayés par aucune voix officielle qui cherche à transmettre la vérité. Les citoyens cultivés semblent même heureux de s'en éloigner : dans des académies, les nobles membres discutent en fonction de leur culture et de leur propre opinion, et la même tendance anime les universitaires. Thadden s'appesantit sur l'exemple allemand. Quel est l'Allemand qui eût accepté de bon cœur le nazisme s'il avait compris qu'il menait à une terrible déflagration internationale, à l'extermination systématique d'hommes innocents et souvent méritants, à l'occupation du territoire par ses vainqueurs et s'il avait prévu qu'une partie d'entre eux, prise de folie collective, préparât et exécutât le meurtre d'une autre fraction de la population ? N'est-ce pas une ignorance complète de la situation qui jeta les Français dans les bras de l'ennemi en 1940 et qui les envoya en nombre à une messe présidée par le maréchal Pétain pour que la francisque survive au désastre, alors que les Alliés avaient déjà établi une solide tête de pont en Normandie ? Le manque de culture et d'éducation est responsable chez tous les hommes de fantastiques bévues qui alimentent l'histoire.

Brigitte Sauzay se manifesta en rappelant la nécessité de ménager la culture dans le processus du nettoyage politique qui devait présider à l'information. « Plutôt que de reconstruire une pensée pure *de novo*, ne devrions-nous pas conserver les témoignages littéraires de la noblesse de l'esprit humain ? La culture devrait accompagner, me semble-t-il, l'épuration politique que vous mentionnez. Des chantres d'un étroit rapprochement de l'esprit français et allemand, ont en quelque sorte souhaité et déjà préparé ce nouvel avenir en percevant les erreurs du présent. Ils furent légion. Inspirons-nous de la recommandation de Friedrich von Schiller devant les excès du pouvoir des princes*, de la précision du jugement de Madame de Staël, de l'amertume de Victor Hugo** et de Heinrich Heine*** devant les dérives morales de leurs pays respectifs, de tous ceux qui ont admiré la pensée philosophique allemande derrière Renan, de ceux enfin que tortura l'adversité de deux nations sœurs, la France et l'Allemagne réalisant un gâchis du génie humain, Romain Rolland, Charles Péguy, Stefan Zweig, Albert Schweitzer et autres Jünger ou Vercors. »

---

* « La majesté des Allemands ne repose pas sur la tête de ses princes (...) C'est une grandeur morale, elle réside dans la culture et dans le caractère de la nation, qui ne dépend pas de son destin politique. »

** Victor Hugo, *Le Rhin, lettres à un ami* (1842), François Bourin Éditeur, 2011. Hugo parle de lui à la troisième personne, dans la préface : « L'Allemagne, il (l'auteur de ces lignes) ne le cache pas, est une des terres qu'il aime et une des nations qu'il admire. Il a presque un sentiment filial pour cette noble et sainte patrie de tous les penseurs. S'il n'était pas français, il voudrait être allemand. »

*** « Mais c'est dans le royaume aérien du rêve / Que nous (les Allemands) dominons sans rivaux. » Cité par M. Werner et J. C. Hauschild, *Heinrich Heine*, Seuil, 2001. Heine avait déjà opté pour une vie parisienne mais regrette dans ses *Contes d'hiver* le rêve éternel que suscite la patrie allemande.

CHAPITRE 7

Présence nazie

Je me suis hâté vers Berlin dès que je le pus, en recourant au moyen de transport le plus accessible. La petite vingtaine de kilomètres campagnards m'en séparant exigeait de voyager dans le bus régulier, brinquebalant sur des routes encore défoncées jusqu'à Sud-Kreuz, quartier sud de la capitale desservi par un métro U-Bahn. Je fus inquiet pendant le trajet à l'idée de découvrir les traces d'une histoire d'un demi-siècle qui fit trembler le monde civilisé. L'évocation d'un Faust inconnu l'emportait sur celle des héroïques séductions des Marlene Dietrich et autre Knef.

Une curiosité morbide m'entraîna vers le quartier choisi par l'appareil nazi pour y mener ses abominations. La Wilhelmstrasse le traverse. J'y fus attiré irrésistiblement par mes souvenirs d'écoute radiophonique qui y situaient l'acmé de la force destructrice nazie et son état-major responsable des plus sombres exactions. La voix rauque, hystérique, rageuse et vulgaire du chancelier Hitler, le bruit des déflagrations des bombes britanniques, ramonèrent mes oreilles comme si elles duraient encore. On ne flâne pas aujourd'hui, toute nonchalance est interdite dans ce quartier qui occupe l'un des pires « tableaux » des promenades berlinoises de Franz Hessel*. C'est ici que la présence nazie intensive et la

* Franz Hessel, *Promenades dans Berlin*, traduit par Jean-Michel Beloeil, L'Herne, 2012.

riposte ciblée de ceux qui n'en voulaient pas ont mis en péril l'humanisme et la paix européenne.

Je pris mes quartiers dans un hôtel discret, caché par les arbres dans une petite impasse, fréquenté par des clients d'apparence normale, représentants commerciaux indifférents à la sinistrose émise par le terrible endroit. Une évidente amnésie leur permettait de déguster d'opulents *Frühstücke* aux terrasses de rues qui chantaient encore le *Horst Wessel Lied.*

La Wilhelmstrasse est l'ancienne voie de la chancellerie nazie, le centre opérationnel de la machinerie hitlérienne, la résidence de ses chefs, et l'ancien siège du ministère de la Guerre, de la Luftwaffe (l'armée de l'air) et de la sinistre police d'État (Gestapo). Cette rue du crime organisé comportait une immense prison avec plusieurs salles de torture. Leurs ruines se confondent avec quelques soubassements du mur de Berlin, qui longeait la Prinz-Albrecht-Strasse, petite voie confluente, et me semblaient exhaler encore des odeurs de sang et d'agonies. Les trottoirs, nivelés aujourd'hui par d'énormes plaques de ciment, correspondent aux fondations de maisons limitrophes réduites en poussière par des bombes propulsées droit au but par la rage des aviateurs anglais et américains. Les habitants des quelques maisons, reconstruites hâtivement sur des espaces bombardés un peu distants, y entassent le peu qu'ils possèdent. La Wilhelmstrasse est devenue une collection d'immondices que les services de la voirie négligent, fréquentée seulement par des chiens qui tournent autour de leurs maîtres ; les vieux bourgeois couverts d'authentiques lodens, qui les promènent lamentablement, peut-être avec une nostalgie inavouée, pouvaient bien avoir troqué à la hâte leurs uniformes militaires rutilants contre ces pardessus luxueux ; mais des vêtements provenant des surplus de la Wehrmacht, volés ou donnés lors des liquidations de stocks inutiles, habillaient aussi les plus démunis.

Une petite hauteur couverte d'herbes folles et de chardons qui ne fleurissent plus, insolite dans la platitude monotone de l'endroit, se dresse misérablement à l'extrémité de la rue lorsqu'elle pénètre dans le quartier Kreuzberg. Aucun arbre, pas même des buissons, n'y fut planté dans la crainte que leurs racines ne heurtent les résidus de carlingues métalliques ou de chenilles de camions et de blindés incendiés qui y furent accumulés pendant la bataille de Berlin, faute d'engins pour les évacuer.

Les photographies de bourreaux et des copies pathétiques d'archives de la Gestapo, retrouvées à la fin de la guerre dans les ruines proches de l'immeuble de l'état-major furent rassemblées en une sorte d'exposition pour éclairer la population sur son épouvantable passé. Les Berlinois ne se sont pas précipités pour découvrir de nouvelles preuves de la monstruosité qui les entouraient. D'ailleurs, les rares habitants qui s'aventuraient dans ce quartier, risquant leur vie sous des bombes et des obus, étaient souvent adeptes du nazisme.

Il n'y avait en réalité aucune place dans ce quartier pour ceux qui doutaient du génie d'Hitler. La Wilhelmstrasse, affluente de l'avenue Unter den Linden, voie impériale des temps wilhelmiens, lui appartenait, fermant le quartier à toute indiscrétion. Le Führer s'était arrogé une immense surface autour de la petite Voss Strasse dont il ne reste pas un grain de poussière aujourd'hui. L'immense architecture conçue par Albert Speer, conseiller du Führer, pour convenir à une société en voie de nazification, fut volatilisée par les bombardements.

Elle organisait aussi la vie des immenses armées nazies couvrant l'Europe continentale des rivages atlantiques aux monts Oural et une armada de dignitaires nazis occupés par la protection civile. Elle veillait sur la disponibilité des ressources alimentaires nécessaires à des millions de bouches, le devenir des prises de guerre, quelques alliés nazis italiens, le maintien de l'ordre, l'information des ambassadeurs et les discussions sur la rénovation architecturale de Berlin.

Le mobilier a été anéanti par les bombes aériennes. Le vide fut fait sur une suite versaillaise de portes-fenêtres, des centaines de bureaux et d'étages servant tous les gestionnaires de guerre. La longue suite de statues colossales alignées dans le rez-de-chaussée n'a pas échappé au désastre ; elle avait été conçue par le sculpteur Arno Breker, ami de Speer, pour glorifier le gouvernement et arrêter les regards indiscrets en doublant la protection des murs. Les décors servant la grandeur hitlérienne, estrade allongeant la taille du chancelier devant les visiteurs, colossale mappemonde enfoncée dans un plancher, disparurent de la même manière. Un pillage massif, réalisé par l'armée rouge, vint compléter le processus d'anéantissement.

Le dépeçage de la chancellerie fut cependant compliqué par l'État nazi, qui évacua subrepticement mobilier ancien, tableaux de maîtres, boiseries et autres revêtements muraux. Hitler avait une passion pour le marbre qui par sa seule présence, surtout lorsqu'il est vert, alourdit les ambiances. Il le faisait venir d'Italie. D'immenses pans de marbre verts recouvraient les murs. Le marbre de Carrare et, surtout, sa variété ophite, avec ses marbrures vertes et ses rayures rappelant des peaux de serpent, furent assimilés à des reliques nazies de grande valeur ; elles ont été réemployées là où cela était possible. Le marbre vert de la chancellerie hitlérienne équipe encore aujourd'hui les marches de l'escalier d'honneur de l'Auswärtiges Amt, ministère des Affaires étrangères allemand, et décore le mur attenant au grand escalier du hall de l'Université Humboldt. Une inscription en hautes lettres de cuivre le barre : « *Die Philosophen haben die Welt nur verschieden interpretiert, es kömmt darauf an, sie zu verändern* » (« Les philosophes ont seulement interprété les différences du monde, il leur revient maintenant de le changer »). Karl Marx, auteur de cette pensée, conseille à l'esprit humain de savoir évoluer. Il n'avait pas prévu les interprétations gâchant la pureté de sa propre pensée et le sinistre sort infligé par un artiste peintre raté qui s'était pris pour un nouveau Faust.

Un escalier mène au blockhaus qu'Hitler a fait creuser sous la chancellerie, officiellement pour se protéger, en réalité pour mourir. Cette installation bétonnée à une dizaine de mètres de profondeur fut le tombeau des nazis irréductibles, Hitler, Eva Braun, Joseph et Magda Goebbels et leurs six jeunes enfants. Ils ont cru que leurs morts contribueraient à une légende édifiée à la gloire du Reich. Ils ont tous croqué une ampoule d'acide prussique, poison violent. Matha Goebbels a empoisonné ses enfants. Hitler a épousé sa maîtresse avant que leurs cadavres ne soient brûlés pour éviter de servir la propagande russe.

Les Soviétiques décidèrent que le « Führer Bunker » devait disparaître. L'entrée du conduit fut recouverte d'une épaisse couche de béton et de terre, de manière à être confondue avec les parkings installés par la suite, au pied d'immeubles neufs et cossus. Il ne reste rien du possédé qui fit souffrir et mourir des millions d'hommes et de femmes innocents. Le plus grand criminel de tous les temps, qui prétendait avoir mis sous ses ordres la plus grande part de l'Europe continentale, n'existe que par la mémoire de ses atrocités. Il n'a rien laissé qui puisse être sanctuarisé. Les quelques néonazis contemporains qui s'affirment dans des régions européennes de l'Est ne peuvent matérialiser leur mythe. La découverte de cet endroit caché n'a pas été simple ; j'ai parcouru plusieurs fois la Wilhelmstrasse avant de comprendre où il se trouvait. Sable et béton ont englouti le passé, comme l'ont voulu les Soviétiques, afin de prévenir toute sanctuarisation de l'endroit.

La Wilhelmstrasse m'a donné la désagréable impression d'évoquer des souvenirs insaisissables. Le désastre nazi n'avait peut-être pas d'autre issue que de privilégier cette sorte d'aperception qui implique l'imagination plus qu'une transcription exacte du réel. La restauration de Berlin en a tenu compte, en favorisant le développement de constructions qui s'imposent au passant. Il est impossible de se méprendre sur la signification de l'immense mémorial de la Shoah qui a utilisé le terrain labouré par les bombes entre la Pariser Platz, la porte de Brandebourg et, précisément, la Wilhelmstrasse que j'ai quittée parce qu'elle ne me montrait plus rien. Des centaines de cercueils en béton sombres comme la nuit sont empilés sur la petite hauteur que forme le terrain, évidemment vides et sans la moindre marque distinctive comme le furent les millions de Juifs massacrés dans les camps de déportation. Aucun monument figuratif n'adoucit cette lugubre évocation, pour la rendre avec le silence encore plus lugubre. Le Mémorial respecte le vide de l'anéantissement juif.

Plus modestes sont les *Stolpersteine*, petits carrés métalliques jaunâtres de cuivre ou de laiton, qui rappellent aux Berlinois les victimes raflées par la Gestapo et envoyées vers des camps d'où ne revint qu'une infime minorité. Les noms des victimes, du camp d'extermination et la date de leur enlèvement par les forces nazies sont gravés sur la face visible. Leur densité dans le quartier de Spandau, où j'habite aujourd'hui, témoigne dramatiquement de l'importance de la population juive qui l'habitait avant le nazisme. Ces *Stolpersteine* furent réclamés par un certain Gunter Demning, pour que la mémoire de son père, officier de la Légion Condor, ne fût pas ternie par celle de l'armée dans laquelle il servit. Son idée fut adoptée et même étendue à toutes les victimes de la monstruosité nazie. Ces petits écriteaux fichés dans le sol, peuvent perdre leur brillance et faire trébucher (comme leur nom allemand l'indique) ou attirer la curiosité des passants, renvoyant à une catastrophe que personne n'ose plus commenter.

Les traces des violences faites aux Juifs par le nazisme sont à vrai dire innombrables. Les noms des camps perpétuant le massacre juif hitlérien sont alignés sur un mur de la Wache, petit mémorial de toutes les guerres sur l'avenue Unter den Linden ; le vieux cimetière juif de la Grosse Hamburger Strasse, abritant les tombes du philosophe Moses Mendelssohn, des Herz, qui animèrent la vie littéraire de la ville, et du banquier Daniel Itzig, ami du poète Chamisso, demeure honoré malgré le viol des nazis ; la grande synagogue de l'Orianenburgerstrasse dresse encore la principale façade qui résista au bombardement ; et des survivants juifs, munis de bouquets de fleurs, honorent dans la proche banlieue berlinoise les prisons de Moabit et des camps de Sachsenhausen et de Plötzensee où disparurent tant de leurs aïeux.

J'ai réalisé que Berlin était avant la guerre fortement appréciée d'une communauté juive, qui comptait quelque 160 000 âmes (réduite à 8 000 par les persécutions nazies). La ville a perdu une grande part de son intelligence, de son entrain et de sa créativité, m'expliquera plus tard un ministre de la Culture. Mais Berlin a su faire fi des critiques concernant l'édification de ses mémoriaux (en particulier celles concernant le grand mémorial de la Shoah et le musée juif de Kreuzberg), critiques esthétiques qui n'étaient pas toutes sincères, et ignorer les rechutes d'antisémitisme qui pouvaient en dépendre. Berlin eut le courage de reconnaître son entière responsabilité dans la pire des infamies commises par les hommes sur des hommes.

Je n'ai rien d'un Juif judaïsant, admirateur éperdu des Rosch Ha-Schana, B'nai Brith et autre Gesher que je ne comprends d'ailleurs pas, mais je me suis souvent confondu pendant ce premier contact berlinois avec l'un des personnages scabreux et malheureux de Joseph Roth ou de l'un ces Juifs que Romain Rolland a pris comme modèles en littérature, ces « êtres hypernerveux, agités et incertain [qui ont] besoin d'une loi qui les tienne et d'un maître sans faiblesse, mais juste, qui les mate* ».

Mais une première énigme allemande me remplit en même temps d'une grande confusion. L'historien Ian Kershaw** a démontré que le nazisme a bénéficié de l'adhésion de nombreux citoyens qui furent indifférents à ses principes raciaux, en même temps qu'ils ignoraient sa volonté de conquête du monde ; le nazisme n'étant en somme qu'une manifestation patriotique. D'autre part, son *Opinion allemande sous le nazisme* démontre que « bon nombre d'Allemands, probablement la grande majorité, se montrèrent hostiles aux Juifs sous le IIIe Reich ». L'habileté de la propagande de Goebbels a pu favoriser, au moins en partie, cet antisémitisme et facilité l'admission d'une conjuration juive mondiale.

Toute référence au nazisme et à ses ignominies fut interdite en public à Berlin jusqu'en 1968, étant donné l'absence de réponses

* Romain Rolland, *Jean-Christophe*, Albin Michel, 2007.
** Ian Kershaw, *L'Opinion allemande sous le nazisme*, traduit par Pierre-Emmanuel Dauzat, Éditions du CNRS, 1995.

franche aux questions posées par la question juive et leur inconvenance dans une société encore chargée d'émotions. Les manifestations libertaires, qui survinrent alors, et des émissions de télévision influencées par la série américaine *Holocauste* délièrent la parole. Les allusions au passé nazi ne furent plus un sujet tabou. Un devoir de mémoire s'imposa alors dans la capitale et quelques autres grandes villes. Les monstruosités du IIIe Reich furent reconnues sans réserve et librement commentées. Rudolf von Thadden, grand fidèle de Luther, le montra lorsqu'il connut mes références juives et alsaciennes. Il tint à m'assurer qu'une certaine communauté de pensée unissait les Juifs et les protestants, mais absolument pas les catholiques. Ce qui me rappela la sympathie du pasteur de notre village alsacien pour ma propre famille.

L'Allemagne moderne a compris l'avantage psychologique et pédagogique de l'explication et de la franchise par rapport à un autoritarisme exigeant. La connaissance de l'histoire et un retour aux fondements culturels du pays devinrent des auxiliaires de la loi fondamentale, plusieurs de ses articles conjurant le risque d'une récidive de la dictature, en limitant les pouvoirs personnels du chancelier élu et les conditions du recours à la force armée. La République fédérale entretint d'autre part une relation privilégiée avec Israël et les interventions de l'armée allemande furent soigneusement encadrées. La communauté juive, aujourd'hui menacée par un antisémitisme musulman qui remplace et majore un antisémitisme ancien venu de l'extrême droite, fut également l'objet d'une attention particulière.

Les conditions du retour d'une paix intérieure ont représenté la trame du discours prononcé par le président Richard von Weizsäcker le 8 mai 1985, à l'occasion du quarantième anniversaire de la fin de la guerre en Europe et de la tyrannie nationale-socialiste ; il qualifia la défaite de 1945 de « libération » pour l'Allemagne. Cette évocation a magnifiquement contribué à redonner à son peuple sa liberté et sa responsabilité. Il a exalté sa grandeur, ce qui contribua à enterrer le nazisme dans des profondeurs peu accessibles de la mémoire nationale.

Désormais, précise Claire Demesmay*, « il est question de transmettre un sentiment de responsabilité collective, qui a mis des décennies à mûrir, à des générations qui n'ont qu'une connaissance théorique des crimes nazis, et n'ont peut-être pas d'ancêtres allemands ». Elle cite aussi Weizsäcker : « Toute perspective qui ferme les yeux sur le passé finira par devenir aveugle au présent. »

Des noirceurs foisonnent dans l'histoire de toutes les nations, heureusement moins dramatiques que celles du nazisme mais continuant en sous-main à agiter leurs peuples. L'Allemagne moderne a donné une leçon au monde qui la regardait : une connaissance historique, associée à une clairvoyance, une objectivité et un respect absolu de la vérité historique, représente une arme puissante et digne pour redonner tranquillité aux critiques. On comprend que l'esprit de Genshagen auquel il vient d'être fait référence ait pu naître et prospérer. Le monde ferait bien de s'en souvenir dans les circonstances actuelles menacées par les nouvelles idéologies que sont nationalismes, populismes, vengeances et égalitarisme. Il faut évidemment du courage, ce dont l'Allemagne n'est pas dépourvue.

---

* Claire Demesmay, *Idées reçues sur l'Allemagne*, Le Cavalier bleu, 2018.

CHAPITRE 8

Souvenirs berlinois

Berlin, cette immense agglomération âgée de quelque huit siècles, rivale, depuis l'industrialisation, de Londres, Paris et Vienne, haut lieu de la culture littéraire et scientifique, centre politique de l'Occident, représente un héritage dépassant les clichés bellicistes et raciaux de l'histoire moderne ; je m'en aperçus dès mes premières quêtes de pittoresque et de culture.

J'ai d'abord imaginé pouvoir loger dans le quartier de Fischerinsel, envoûté par ce nom poétique rappelant l'arrivée des premiers Germains, installés sur les bancs de sable de la Sprée, qui protégeaient des assauts slaves, et permirent l'envol d'une capitale germanique. Trois ou quatre tours massives d'une trentaine d'étages occupaient en fait les lieux, un petit square mal entretenu avec des poubelles débordantes ; l'asphalte des grandes voies de communication s'était insinué partout en ne laissant de la rive insulaire primitive qu'une buvette et quelques barques sur un bras de canal. Les étages supérieurs offraient une admirable vue sur le centre de la ville, épargnés du bruit de la circulation, mais les deux vieilles dames qui louaient le studio m'ont paru surtout chercher une nouvelle compagnie. Leurs offres de repassage, de saucisses et de promenades dans la ville m'exaspérèrent et m'incitèrent à découvrir Berlin sans esprit de système, sans référence à l'histoire ou à la mode littéraire, au hasard de mes occupations et des circonstances.

J'ai accompagné de jeunes chercheurs qui, supportant mal l'isolement qui s'abat sur la campagne de Genshagen à l'issue de chaque colloque, avaient élu domicile dans une grande rue, la Bergmannstrasse, dans le quartier Kreuzberg, accessible aux bourses étudiantes, et devenu une résidence des jeunes universitaires et artistes. Elle est longue et vivante, offrant une immense fraternité qui s'accroît de *Kneipe* en *Kneipe*, et de bistrot en bistrot, de l'Est berlinois, et de ses séquelles de pauvreté et d'indifférence laissées par une longue présence communiste indifférente et pauvre, jusqu'au centre de la capitale, occupé dès avant la chute du Mur séparant Est et Ouest, par des éditeurs, des directions de journaux et des marchands de meubles. Le prix de la location d'un appartement s'effondrait à mesure que l'on s'enfonçait vers l'Est, en même temps que les détritus augmentent sur les couloirs et que l'encombrement des cours intérieures par des poubelles et le bric-à-brac de la vie moderne se précisait. L'engouement des jeunes pour cet endroit ne relevait à l'évidence que de questions budgétaires. Je l'ai perçu comme une véritable marche vers la campagne dont il est proche, dans un éloignement culturel difficilement supportable à Berlin. Les valeurs culturelles de Kreuzberg, évoquant le souvenir des plus grands esprits y ayant vécu, m'ont paru dévorées par les allées et venues d'une foule cherchant à survivre en côtoyant des promoteurs de modes, des vendeurs de chiffons et d'amusements offerts sans débourser des sommes folles. J'ai regretté le mercantilisme de l'endroit et l'inattention portée à son patrimoine culturel par ses autorités administratives, apparemment indifférentes aux belles qualités des Chamisso et Fontane qui l'habitèrent.

Prenzlauer Berg, qui annonce la proche banlieue de Pankow, tout en restant relativement proche du centre-ville, occupe le sommet d'une des rares petites hauteurs de Berlin. Je devins l'un de ses citoyens pendant plusieurs mois. Le sénateur Hassemer auquel je fus présenté à Genshagen, logeait dans un appartement de la Kollwitzstrasse, grande rue du quartier qui était trop vaste pour lui. Il l'avait acquis, tenté par une offre très favorable. Il était un grand spécialiste de l'urbanisation et de la restauration de Berlin, libérée du joug soviétique, un homme très courtois mais énergique. Son choix indiquait que Prenzlauer Berg, détruit depuis son annexion par l'armée rouge, devait être reconstruit en priorité. Son exquise épouse me parut représenter parfaitement la *Hausfrau* veillant sur les siens et sa maison. Le temps de l'Avent la mobilisait dans sa cuisine autour de la cuisson des plats d'usage et de mets qu'elle échangeait avec des amis qu'elle me pria de rejoindre. Elle a pris soin de moi dans la partie de leur appartement que je louais, une immense cuisine qui aurait pu rendre service au petit restaurateur italien offrant pastas et pizzas au rez-de-chaussée, un petit salon et une grande chambre équipée d'un bureau confortable.

La rue Kollwitz est animée mais surtout occupée par des bicyclettes, les gens sont jeunes, gais et apparemment heureux, les enfants se sentent libres comme dans une grande famille. La simplicité règne entre eux et dans le grand jardin entourant la statue de la sculptrice Käte Kollwitz qui occupe le centre de la rue, ouverte à tout ce monde, souvent réuni pour commenter les événements de la vie. Le développement récent des magasins et des restaurants, récemment ouverts dans les débris de la guerre, et les nouvelles installations de galeries d'art, bibliothèques, antiquaires et petites expositions représentaient l'essentiel des conversations…

J'ai eu la chance de découvrir ce quartier et de pouvoir m'y installer dans d'aussi bonnes conditions. Les obus du maréchal Joukov, qui avait repris ce domaine aux nazis en mettant des immeubles à plat, et les contraintes émanant ensuite du pouvoir soviétique facilitèrent paradoxalement la modernisation du quartier. J'y ai accompli dans une grande tranquillité quelques nouvelles recherches demandées par Rudolf von Thadden. Je me suis fait à l'ordinaire de la vie berlinoise.

La rénovation de Prenzlauer Berg a progressé à vive allure, grâce à des petites grues intelligentes, une remise en état des fils électriques et des canalisations par des étudiants volontaires, qui aidèrent aussi en dernier lieu à repaver les rues. Je fus le témoin sans l'avoir voulu de la métamorphose berlinoise provoquée par la chute du Mur et le retour d'une démocratie triomphante en cet endroit. L'altérité, l'intelligence et le confort d'autrefois revinrent avec le zèle de gens redécouvrant la liberté. Les bistrots retrouvèrent le tutoiement d'une clientèle jeune qui rêve d'un nouveau monde, de passion, de paix et des arts. Prenzlauer Berg accepta pour faciliter son essor l'aide de tous les gens sincères, quelles que fussent leurs origines et leurs histoires. On y a vu à côté de jeunes gens vêtus assez chic, évidents membres de la haute administration, des accoutrements bizarres, des regards singuliers, des présentations négligentes, des déguisements et autres petites singularités souvent inachevées par manque d'argent.

On devient vite ami de tout le monde à Prenzlauer Berg dans la mesure où l'on se plie aux attitudes d'entraide et de sollicitude du quartier. Je suis devenu ami d'un antiquaire, d'une petite bijoutière qui montait elle-même ses bijoux, d'un professeur de mathématiques à la retraite qui vivait dans mon immeuble, et d'un Italien sans spécificité qui a réussi à ouvrir la porte de mon appartement dans lequel j'avais oublié mes clés.

À Prenzlauer Berg, les cloches de l'Elias Kirche sonnent en même temps que s'élèvent les chants juifs de la synagogue de la Rykestrasse. On se sent libre et heureux, indifférent à la pauvreté des services de la municipalité, l'anonymat des commerces, la décontraction des jeunes habitants, l'envahissement des cyclistes sur les trottoirs et la monotonie des façades ayant résisté à tout en ayant seulement froncé leurs auvents circonflexes. Les habitants ont oublié l'esprit nazi, bien qu'il fût imposé à tous les âges, la blondeur de rigueur entretenue par le soleil, le sport, le rasage de près et le savonnage à la brosse dure. Ils sont heureux de retrouver une humanité ouverte, mêlée, qui leur apporte des effluves de soleil, de gaieté et de diversité en même temps qu'elle participe à la reconstruction. Le village de Prenzlauer Berg, désormais ouvert sur un monde épargné par le fascisme et le soviétisme, oublie les rigueurs de cette éducation, sans négliger pour autant les grands fondamentaux prussiens. Les femmes allemandes ont retrouvé sollicitude et déférence vis-à-vis des maîtresses d'école. Elles recommencent à rêver d'une promotion sociale pour leurs enfants.

Une petite annonce consultée par hasard dans un journal inconnu, la situation accessible et centrale, la proximité de l'université berlinoise et de son hôpital de la Charité m'ont tenté et convaincu d'abandonner Prenzlauer Berg pour acquérir un domicile berlinois. D'autres impératifs s'y étaient mêlés, en particulier la croissance du nombre des réunions de Genshagen, la proximité de sources dont j'avais besoin, et celles de Rudolf, souvent occupé au ministère des Affaires étrangères, et de Brigitte en relation avec l'administration berlinoise. Mais je dois admettre que l'aura littéraire, historique et artistique de la capitale a joué un rôle décisif dans mon choix ; un domicile m'appartenant sis au centre de la vie culturelle de la ville facilita beaucoup mon apprentissage. La jeunesse et l'élan de Prenzlauer Berg allaient sans doute me manquer, mais mon intimité avec Berlin et mon attirance pour cette ville étaient devenues maîtresses de la situation.

Le quartier berlinois du vieux Spandau m'avait tenté par les senteurs de ses petits commerces, parfois encore tenus par des Juifs, et une ambiance artistique et intellectuelle qui datait de l'avant-guerre. Il y avait eu là aussi des destructions colossales, des taudis, des squelettes de charpentes provoqués par des combats qui prolongeaient en quelque sorte ceux de Prenzlauer Berg tout proche, retraçant la progression des armées libératrices. La machinerie n'avait cependant pas chassé les fantômes de la ville : le prince électeur Joachim, ancêtre des Hohenzollern, a pu construire un petit observatoire sur la rive de la Sprée bordant l'immeuble qui m'attendait maintenant. Quelques siècles plus tard, Chamisso enfant, accompagné de sa mère, traversait le pont reliant ce navire amiral au château Monbijou, retraite de la mère et de l'épouse du Grand Électeur Frédéric-Guillaume, qui ouvrirent aussi leurs bras aux émigrés français, nobles et protestants. Döblin, écrivain moderne des milieux en haillons et des taudis de l'extrémité est du quartier, a aimé la promenade riveraine qui réjouit et enchante ceux qui l'empruntent aujourd'hui ; ce fut sans doute, très près de mon nouveau gîte (il cite le pont Weidendamm qui en est voisin) qu'il composa le *Monologue de la Sprée* qui confond son esprit avec celui de la rivière en cet endroit précis. « Quelle longue journée, soupira la Sprée, comme elle coulait à cette heure sous le pont Weidendamm. Quelle endurance ont ces hommes (sur ses rives). Et quel entassement ! Ah, si seulement j'étais sortie de cette ville ! Ce grouillement, ce tapage. Et du nouveau, toujours du nouveau. Il y a vraiment trop d'hommes ici*. »

J'ai signé l'achat de mon appartenance aux rives de cette rivière chez un notaire berlinois dont le discours me fut totalement incompréhensible. Il m'a permis de goûter pendant une quinzaine d'années le charme de la marche le long des eaux noires de la Sprée. Le sénateur Hassemer m'a conseillé pour mon acquisition tout en connaissant ma sensibilité au charme de Prenzlauer Berg. Je l'en remercie. Je me suis félicité d'avoir échappé aux mauvaises langues qui rappellent que mon immeuble fut édifié sur l'ancienne propriété d'un facteur d'orgues et de pianos dont la femme soutint dans les années 1925 les campagnes nationales-socialistes berlinoises de Hitler. Elle l'aida à surmonter sa peur des gauchistes berlinois, l'hostilité des descendants de la noblesse prussienne et son incertitude quant à convaincre le peuple prussien, conservateur et nationaliste. Hitler a peut-être eu peur d'un échec ici, sur la rive de la Sprée, ce qui ensoleille l'endroit.

*

* Alfred Döblin, « Monologue de la Sprée », *in Berlin Alexanderplatz* (1929), Gallimard, 1970.

Mon adresse fixe à Berlin a facilité mes contacts amicaux dans la ville et en a peut-être même initié d'autres. Je me suis senti chez moi entre la Sprée et l'ancienne annexe de l'hôpital de la Charité, qui fut développée là pour remplir sa fonction universitaire et donner de l'espace aux premiers chirurgiens qui respectaient des règles opératoires. Ses murs de briques rouges abritèrent les premières allées et venues suscitées par les appels de Brigitte Sauzay, nommée par le chancelier Gerhard Schröder. Rudolf von Thadden a même dormi chez moi lorsque les affaires des relations franco-allemandes débordaient de vitalité. Brigitte m'a fait connaître la chancellerie provisoire, installée lors de la réunification dans une vieille caserne de la Schlossplatz, ouverte à tous ses vents. Elle fut fière de me faire connaître très vite son nouveau bureau, au sein de la nouvelle chancellerie, dès que celle-ci imposa sa masse blanche évoquant un oiseau aux ailes dépliées, ou la proue d'un immense paquebot peu accessible dans la grande boucle de la Sprée réservée aux institutions gouvernementales. Je devins même quelque peu familier de ce sanctuaire. Ses sentinelles débonnaires ne réclamèrent plus mon passeport ; une chargée de mission souriante, très fardée, vêtue comme si elle revenait d'un week-end campagnard, me fit connaître le grand balcon qui allège l'uniformité de la grande façade de la chancellerie, face au Bundestag en voie de reconstruction. Le ministre des Affaires étrangères Joschka Fischer, qui y fumait un cigare en conversant avec une femme blonde acquise au style wagnérien, me fit un signe amical. Rudolf se contenta de me recevoir derrière une immense table de chêne, surchargée de téléphones et assombrie par les boiseries murales et la noirceur des lattes du plancher le supportant.

J'ai assisté au premier rang, installé sur la recommandation de l'un ou de l'autre à de grandes cérémonies, comme l'inauguration de la nouvelle ambassade de France, restaurée sur la Pariser Platz à l'endroit où Jean François-Poncet, alors encore enfant, découvrait les flammes du Reichstag allumées par le Reich nazi pour faire croire à un crime communiste ; ma place était réservée entre Pierre Joxe et l'amiral Philippe de Gaulle, l'ambassadeur Claude Martin et le chancelier Schröder étant proches.

Des collègues universitaires que je connaissais depuis des années, médecins pour la plupart et rencontrés dans des réunions scientifiques internationales m'ouvrirent les portes de l'Académie des sciences de Berlin. J'y fus tôt convié à une manifestation qui resta profondément gravée dans ma mémoire. Ce fut à la fin du mois d'avril 2002, lorsque le Premier ministre Lionel Jospin, qui était candidat à l'élection présidentielle, crut bon de fortifier sa popularité avant le deuxième tour en venant présenter son programme à Berlin. Il s'y était pris un peu tard pour annoncer ses intentions et son discours n'avait pas été percutant. Des enseignants de l'Université Humboldt voulurent l'aider en précisant leurs aspirations démocratiques au cours d'une manifestation organisée sur la Bebelplatz la veille du scrutin.

Celle-ci, sur Unter den Linden, en face de la principale entrée de l'université, symbolise la liberté de la pensée occidentale contre l'oppression intellectuelle nazie. Le 11 mai 1933, le pouvoir nazi y fit brûler les livres qui n'étaient pas conformes à son idéal. Les œuvres de Karl Marx, Karl Kautsky, Heinrich Mann, Erich Kästner, Sigmund Freund, Werner Hegemann, Erich Maria Remarque, Alfred Kerre, Kurt Tucholsky ou encore Karl von Ossietsky furent détruites par le feu sur la place publique, suivant les ordres de Goebbels, chargé de la propagande nazie.

Plusieurs centaines d'hommes se rassemblèrent sur la place Bebel, quelques universitaires allemands par solidarité, des Français surtout, conviés par une main invisible mais ferme. Il y avait des Français habitant l'Allemagne depuis une ou deux générations, des descendants de huguenots, des universitaires émigrés, et quelques touristes surpris par cette solidarité française. Les flammes des centaines de bougies éclairant la nuit berlinoise contribuèrent à entretenir les mémoires démocratiques et à fustiger les propos nationalistes de son adversaire du Front national, qui luttait contre une communion franco-allemande dans une Europe élargie et rénovée et prônait le retour d'une des plus sévères déviances de l'humanité civilisée. Les flammes firent des dizaines de cercles autour du mémorial de l'autodafé qui montre une bibliothèque vide. Aucun tapage sonore ne les accompagnait. La France participait là où il le fallait contre le retour des horreurs de « la bête immonde au ventre fécond », comme la nomma Bertolt Brecht. Il n'y avait pas de meilleur endroit pour le faire qu'une place portant le nom d'August Bebel, ardent défenseur de la démocratie par le cœur et la raison. J'ai clamé ma totale adhésion à la manifestation à une radio locale qui sollicitait mon avis, exprimant publiquement en allemand mon opinion pour la première fois de ma vie. Je ne le regrette pas.

CHAPITRE 9

L'« Hymne à la joie »

Berlin a longtemps été une ville tendue, en proie à des difficultés intérieures et extérieures. Les défauts qui ont fait sa vilenie aux XIXe et XXe siècles n'étaient cependant pas très francs. L'histoire en témoigne. Elle pose le problème des circonstances de leur survenue. Le comportement des Berlinois contemporains, que nous avons entrevu, augmente les difficultés d'interprétation.

Beethoven aurait pu composer l'« Hymne à la joie » de sa *Neuvième symphonie* à Berlin, plutôt qu'à Vienne. On y ressent cette joie qui réunit et rassemble les êtres dans une fraternité retrouvée : « *Seid umschlungen, Millionen !* » (« Étreignez-vous, par millions ! »). La paix était revenue et les plus viles actions du nazisme semblaient recouvertes d'une épaisse ouate. La symphonie exprime « une joie conquise, lucide, forte, trempée par les épreuves ; non pas la joie acquise grâce à la douleur [...] mais la joie qui traverse la douleur comme une épreuve, [...] exprimant une volonté de puissance conçue [...] comme l'aptitude à créer et à se métamorphoser », ainsi que le relève de façon admirable Romain Rolland*. Elle est une joie que suscite l'effacement des peines physiques et morales que génèrent les conflits.

---

* Romain Rolland, *Vie de Beethoven*, Bartillat, 2015.

En fait Berlin n'a pas beaucoup compté dans l'inspiration beethovénienne puisque l'ode est née d'un poème de Schiller, rédigé plusieurs années plus tôt sous forme de *Fantaisie chorale*, lorsque son amour pour Maria von Erdödy « transforma en joie le tumulte de la vie ». À Berlin, l'« Hymne à la joie » évoque maintenant la joie de la renaissance européenne. L'Allemagne me paraît la mieux placée pour impulser dans des notes musicales l'enthousiasme de l'ivresse de la douceur et de la fraternité. Sans Beethoven et sans la *Neuvième symphonie*, l'Europe n'aurait pas pu poser ses fondations avec la même allégresse.

Mon sentiment sur l'instabilité affective de l'Allemagne se trouva aussi conforté par une longue litanie de jugements que je me plaisais à relire.

Nombre d'Allemands possèdent un caractère entier, accomplissant jusqu'au bout ce qui est programmé et annoncé, détestant les virevoltes et les mystères. L'obligatoire référence, Mme de Staël, le souligne : « Les Allemands ont en général de la sincérité et de la fidélité ; ils ne manquent presque jamais à leur parole, et la tromperie leur est étrangère. Si ce défaut s'introduisait jamais en Allemagne, ce ne pourrait être que par l'envie d'imiter les étrangers, de se montrer aussi habiles qu'eux, et surtout de n'être pas leur dupe ; mais le bon sens et le bon cœur ramèneraient bientôt les Allemands à sentir qu'on n'est fort que par sa propre nature. » L'Allemand est pour le Français aux antipodes de son voisin anglais perfide, sans autre appétit que « le vice et la religion » (selon Sidney Smith), ou de son partenaire italien, « français de bonne humeur » (selon Cocteau), plus prosaïquement dissipé, inconstant et imprécis. Le comportement allemand doit cependant être nuancé, autant que les autres, ne serait-ce que parce que « l'Allemagne du Midi est à beaucoup d'égards tout autre que celle du Nord » ; l'Allemagne ne peut être considérée comme un ensemble homogène.

L'Allemagne est un pays qui compte un très grand nombre de réussites dans tous les domaines, littéraire, artistique, scientifique, et industriel. Certaines furent géniales, lui conférant une aura exceptionnelle. Il ne s'agit pas ici de faire de l'Allemagne une sorte de champion de la connaissance humaine, de la situer en tête de la civilisation occidentale, mais d'essayer de comprendre comment et pourquoi cette réussite de tout le pays fut si remarquable alors que ses dérives, particulièrement celles du nazisme, plongèrent l'histoire allemande dans une détresse abyssale. L'incroyable destin de l'Allemagne est d'avoir réussi le Mal presque aussi remarquablement que le Bien. Les conversations sont muettes sur ce sujet, évidemment par crainte de réveiller des pleurs sans trouver de solution et par hantise d'un rabâchage de culpabilité, inutile et déprimant. On comprend à demi-mot l'impérative nécessité du silence un demi-siècle après le crime dès les premiers instants d'une visite en Allemagne ; on la voit presque naître dans ses gares et ses aéroports.

Mais l'interrogation perdure dans les cénacles d'intellectuels qui ne se contentent pas d'interprétations expéditives. La première ligne d'un livre sur l'âme allemande, publié il y a quelques mois par Dieter Borchmeyer sous le titre *Was ist deutsch ?*, est néanmoins significative : « Aucun peuple dans l'histoire ne fut si préoccupé par sa propre identité que le peuple allemand* »… Le IIIe Reich a rendu cette interrogation si catastrophique qu'elle appartient désormais au registre de l'indicible.

Pendant longtemps cependant, depuis les premiers tâtonnements nationaux survenus à la succession de l'empereur Charlemagne, l'histoire allemande n'a comporté aucune grande singularité, aucune violence spécifique qui la stigmatisât par rapport à des voisins européens qui n'en manquaient pas. Une voix allemande, celle de l'historien Hagen Schulze, est particulièrement autorisée pour la décrire : « L'Europe médiévale connaissait non pas des États dont le territoire constituait la base mais des liens personnels fondés sur

* Dieter Borchmeyer, *Was ist deutsch ? Die Suche einer Nation nach sich selbst*, Rowohlt, 2019.

l'hommage lige, et la tentative des Hohenstaufen de consolider le pouvoir impérial face aux princes et à la noblesse de l'Empire fut un échec*. »

L'Empire germanique ne disposa jamais jusqu'à sa disparition en 1806 de capitale durable (comparable à Londres et à Paris), de limites parfaitement définies, de pouvoir réel, et ses princes n'eurent pas de sépultures fixes. Les pouvoirs furent concentrés dans les mains de seigneurs temporels et spirituels et les États territoriaux à la merci d'une myriade de pouvoirs et de forces locales mal contrôlables depuis les échelons supérieurs. Une culture urbaine naquit avec des droits spécifiques, de nouvelles hiérarchies sociales, et un nouveau mode de vie. La dénomination du Saint-Empire romain germanique (Heiliges Römisches Reich Deutscher Nation), accordée en 1512 par le recès de Cologne, prouve la persistance de l'archaïsme et de la faiblesse de l'institution centrale, d'autant plus criante que les autres nations européennes, France, Angleterre, Espagne, brillaient déjà par leurs organisations et leurs initiatives de progrès. Dans cette ambiance allemande émolliente, seules comptaient les forces humaines acquises par la réflexion humaniste, le combat ou le travail. Cette époque sans chef, sans destinée terrestre, trouva un souffle en se remémorant Tacite et en inventant des héros qui firent plus tard la fortune des premières créations littéraires, en particulier chez Friedrich Klopstock et Paul Flemming, et que reprirent ensuite Thomas Mann et Richard Wagner.

Erich Kahler, un ami proche de Thomas Mann, rapporte dans sa monumentale analyse du *Caractère allemand dans l'histoire de l'Europe* (1937) que la qualité de l'Empire romain fut transférée au peuple allemand pour démontrer sa capacité à en faire autant et « d'en terminer la mission de dominer le monde » (« *die Herrschaft der Welt zu führen* »). En 1647, un poème d'un dénommé Jesaias

* Hagen Schulze, *Petite histoire de l'Allemagne*, traduit par Richard Le Roux, Hachette, 2001.

Rompler von Löwenhalt sur le « *Teutschland* », prétend qu'« aucun pays n'est si fermement lié au vrai Dieu ». L'ambition d'une nation allemande forte se donnait déjà à voir, mais pas davantage que les prétentions françaises et anglaises de l'époque. On ne peut établir de lien solide entre quelques prétentions verbales sans véritable fondement et la dérive caractérielle des XIXe et XXe siècles ; elles ont certainement impressionné quelques esprits fiers du progrès accompli, mais l'histoire est trop polyfactorielle pour établir des liens de causalité linéaire.

*

La Prusse, entre Elbe et Oder, ne fut pas une terre ouverte aux premiers Germains qui s'y aventurèrent. Des forêts profondes, des lacs aux limites mouvantes l'occupent, et sa terre se prête davantage à la pâture qu'à la culture. Mais surtout la Prusse tenta aussi des Slaves wendes, sprewanes et havelans qui s'opposèrent violemment dès le IXe siècle à la présence germanique et à sa religion chrétienne. Il a fallu un chef germain exceptionnel, Albert Ier de Ballenstädt, dit Albert l'Ours, trois à quatre siècles d'occupation armée, une survie à de nombreux traquenards et une véritable croisade pour que l'installation germanique se stabilise. La faiblesse de la dynastie Staufen et du Saint-Empire a cependant facilité l'essor progressif de grands vassaux parmi lesquels, dès le XIIe siècle en Franconie, la famille Hohenzollern. L'ère des Hohenzollern en Prusse naquit trois siècles plus tard dans une main de fer qui s'attaqua à des jalousies locales avant de subir le contrecoup des désordres internes de la Réforme, des ambitions scandinaves sur les marches poméraniennes et l'évocation des différences de foi religieuse qui fomenta la guerre de Trente Ans, de 1618 à 1648. La campagne du Brandebourg fut un affrontement dramatique entre les troupes suédoises et les armées impériales représentant respectivement la Réforme et le catholicisme d'obédience romaine.

Les deux siècles et demi suivants furent consacrés, sous l'autorité ininterrompue des Hohenzollern, à une restauration économique de la Prusse à laquelle les huguenots français contribuèrent efficacement, à une redéfinition des limites du territoire et à la prétention d'imposer la force prussienne en Allemagne.

La Prusse, ayant retiré aux Suédois par la force la Poméranie antérieure, est devenue une nation maritime, une puissance capable de prendre la suite de l'État des chevaliers teutoniques fondé en Poméranie orientale avec Königsberg comme ville principale. Face à la France, la Pologne et l'Autriche, elle a su devenir « Prusse royale », abandonnant le nom de Brandebourg à la petite province qui l'avait fait naître. Elle a surtout su, grâce à son grand roi Frédéric II (1740-1786), rejoindre le rang des nations européennes intellectuellement les plus distinguées, en développant et civilisant sa capitale Berlin, en y accueillant les grandes voix de l'Aufklärung, et en participant par elle-même aux grandes avancées intellectuelles, philosophiques, littéraires, scientifiques et artistiques. Le développement militaire a alors été synchrone d'une magnifique avancée intellectuelle.

La disponibilité d'une forte armée fut acceptée par tous les souverains Hohenzollern à partir de la fin de la guerre de Trente Ans, qui autorisait enfin le déploiement des ambitions nationales. Le roi Frédéric-Guillaume Ier fut le fondateur d'une imposante armée de 30 000 hommes qui doubla en volume pendant son règne. On le dénomma le « Roi-Sergent » à la cour de France, « the Sergeant King » à celle de son beau-père, Georges-Louis de Hanovre, devenu roi d'Angleterre sous le nom de George Ier. Ses grandes recrues, *langen Kerle* (« grands gaillards »), devaient impressionner l'ennemi par leur taille, leur discipline, leur uniforme bleu et leurs hauts bonnets rouges. Ils jouissaient d'une solde élevée, d'une maison personnelle et de l'estime du roi auquel ils étaient dévoués jusqu'à la mort. Les affaires militaires devinrent importantes, et souvent prioritaires à Berlin. Elles furent pérennisées par tous les successeurs de la dynastie, mais à nouveau sans la moindre originalité dans une Europe qui ne déposait pas les armes.

L'ère moderne de la Prusse commença en 1814 lorsqu'elle participa à la libération de l'Europe de la puissance impériale napoléonienne. Elle est parvenue très adroitement à se doter d'une nouvelle administration grâce à ses conseillers Hardenberg, Stein et Humboldt, et à rééquiper son armée dévastée par sa défaite à Iéna. La Prusse a su réapparaître parmi les vainqueurs, ce qu'elle n'avait pas mérité jusque-là.

Les incertitudes de la révolution de 1848 concernèrent la plupart des pays européens. Dès qu'elles furent passées, le chancelier Bismarck, sous le règne de Guillaume Ier, entreprit de redonner une étoffe territoriale à une Prusse en voie de consolidation. Trois batailles furent nécessaires et trois victoires, sur le Danemark (1864), sur l'Autriche à Sadowa (1866) et sur la France en 1871 à Sedan. La création, d'un Empire allemand signée dans la galerie des Glaces à Versailles, fort de quatre royaumes de Prusse, de Bavière, de Saxe et du Wurtemberg, remplaça dès lors ce qui était Confédération de l'Allemagne du Nord avec ses dix-huit principautés et duchés, trois villes libres (Brême, Hambourg et Lübeck) et une « terre d'Empire », l'Alsace et la Lorraine du Nord, arrachées à la France. Le chancelier Otto von Bismarck devint l'âme du renouveau impérial à partir de la Prusse. Le comportement politique du pays se durcit alors.

*

Le succès de l'Allemagne moderne nous semble en grande partie redevable, en tout cas indirectement, à l'influence de la Réforme luthérienne, qui a séduit peu à peu le pays depuis 1510. Elle a diffusé une morale assez stricte qui exige une certaine rigueur de la part de ses adeptes. Une part des réussites allemandes lui est largement due. Les exigences morales progressivement imposées au comportement allemand et la fierté provoquée par ses réussites s'en rapprochent. Il faut cependant se persuader que la crise inaugurale de Luther fut entièrement spirituelle et ne comporta aucune référence importante à un État allemand. Luther ne fut préoccupé que de ses rapports avec Dieu, du problème de la grâce divine, et de ses polémiques avec la théologie académique autour de la question des indulgences.

Luther a responsabilisé l'âme humaine en précisant que son salut ne s'obtient par aucune œuvre méritoire. Le chrétien, fier de sa foi, libéré de toute préoccupation sur son sort dans l'au-delà, devient libre de se consacrer à lui-même et aux autres hommes en respectant les conseils divins, ce qui signifie travailler intensément puisque le travail sert à tous, en particulier se comporter dignement, chaleureusement, humainement, utilement vis-à-vis des autres hommes, qui sont des créatures potentiellement divines, et accomplir toute action originale dans la mesure où elle relève des qualités que Dieu a insufflées dans l'âme humaine.

Les Allemands savent tout ce qu'ils doivent à la Réforme, ainsi que l'ont rappelé les cérémonies du cinq centième anniversaire en 2017, bien que l'Allemagne moderne ne reconnaisse pas de religion d'État.

CHAPITRE 10

L'ambivalence allemande

Ma réflexion est inspirée par l'histoire de l'Allemagne, désordonnée au Moyen Âge, créatrice lors de sa Renaissance, puis brillante avec l'affirmation de son nationalisme. Mes références concernent en fait les deux derniers siècles. La prise de conscience d'une âme allemande et de sa force alluma progressivement la violence de l'histoire moderne et de ses conflits avec la France, l'Autriche et le Danemark pendant la seconde partie du XIXe siècle, puis avec l'Europe et le monde de 1914 à 1918 et de 1933 à 1945. L'Allemagne différa alors beaucoup de ses débuts : les progrès de l'esprit allemand furent contemporains de poussées de violence inouïes, d'une bestialité insoupçonnée, bien évidemment en rapport avec des pensées et des stratégies politiques. Nombre d'écrits récents ont relaté remarquablement ces tragédies*. Les défigurations berlinoises qu'elles ont laissées, évoquées au début de ce livre, constituent les traces inéluctables d'un mal profond et encore en partie mystérieux. Aider à en comprendre la nature permettra de mesurer les ambiguïtés des temps modernes en même temps qu'ils éclaircissent ma propre conscience.

---

* Voir notamment : Ian Kershaw, *Hitler*, traduit par Pierre-Emmanuel Dauzat, Flammarion, 2008 ; et Johann Chapoutot, *La Loi du sang*, Gallimard, 2014.

Je rappelle à ce titre la dramatique entrée de l'armée allemande en Belgique, que l'on tend à l'oublier aujourd'hui mais qui a ouvert les hostilités en 1914. Elle suscita alors une profonde indignation*. Cet épisode pose la question d'une certaine duplicité de l'âme allemande, et rend compte d'une surprenante attitude allemande des débuts de la Première Guerre mondiale que personne n'aurait osé prévoir de la part d'un pays parvenu au sommet de l'éducation physique et morale, de la culture, de la science et des arts, et qui justifia brusquement des accusations de barbarie, d'amoralisme et d'inhumanité.

Deux événements ont scandaleusement marqué cette percée allemande en 1914 : la destruction de la bibliothèque de Louvain et le bombardement de la cathédrale de Reims. La brutalité militaire allemande s'était manifestée en 1870 et 1871 par des tirs de canons abominablement destructeurs sur Strasbourg et la volonté d'en faire autant sur Paris, alors que leur défaite, patente, ne le méritait pas. Mais l'offensive de 1914 portait atteinte aux lois de la guerre en s'attaquant à la culture et à la spiritualité de l'ennemi.

L'armée allemande, au mois d'août 1914, a enfreint la neutralité de la Belgique pour pénétrer en France. Son effraction dans le territoire belge neutre déclencha une résistance inefficace mais héroïque de la part de la population civile. L'état-major allemand, surpris par cet obstacle imprévu, effectua des représailles monstrueuses sur la population belge comportant des exécutions publiques d'otages. L'incendie de la bibliothèque de l'Université catholique de Louvain fut l'une des premières exactions, accompagnée de l'incendie de plusieurs maisons et de l'exécution de civils qui protestaient. La bibliothèque fut dévastée et d'inestimables manuscrits médiévaux définitivement perdus. On a prouvé que des soldats ivres ont participé à ce crime qui inaugura une campagne militaire dépourvue

---

* Thomas W. Gaehtgens, *La Cathédrale incendiée. Reims, septembre 1914*, traduit par Danièle Cohn, Gallimard, 2008.

de tout respect et de toute attention envers le patrimoine culturel. Ce tragique désintérêt fut réitéré quelques jours plus tard en France, vis-à-vis de la cathédrale de Reims.

Le maire de Reims avait déclaré que sa ville était « ville ouverte » dès l'approche des premiers éléments militaires allemands (des Saxons) de manière à respecter l'admirable édifice religieux qui en assure la grandeur. Une première attaque au canon survint pourtant dès le lendemain. Le drapeau blanc fut hissé sur la cathédrale, mais les tirs reprirent, déclenchés dans l'ignorance de la première attaque par des Prussiens commandés par Karl von Bülow qui ignoraient la présence et l'attaque antérieure que des soldats saxons avaient réalisée. Soixante personnes y perdirent la vie. Les troupes allemandes entrèrent alors dans la ville, installant leur bivouac sur le parvis de la cathédrale. Des personnalités de marque et des dignitaires de l'empire suivirent peu après, prouvant que le commandement allemand avait perçu la gravité du tir sur la cathédrale.

Il semble bien, cependant, que les troupes allemandes aient été informées de la valeur artistique et symbolique de la cathédrale avant leur attaque et que les Allemands n'eurent pas l'intention de nuire à la cathédrale. Il faut donc évoquer un défaut d'attention du commandement, ce qui n'ôte rien à la gravité de la situation.

La victoire de la Marne a vidé Reims de ses soldats allemands. Les troupes françaises en profitèrent pour réoccuper la ville en annulant le statut de ville ouverte. Des troupes allemandes stationnaient autour de la ville, à portée de tirs. Des observateurs militaires français s'installèrent dans les tours de la cathédrale afin de surveiller les mouvements de l'ennemi.

Or les lois de la guerre interdisent que les institutions religieuses servent à des fins militaires et la cathédrale abritait des blessés de guerre, ce qui représentait un autre impératif d'exclusion des zones de combat. Mais le général von Bülow n'eut cure du drapeau de la Croix-Rouge hissé sur les tours et de la présence de blessés allemands à l'intérieur. Il estima qu'« en raison de la force de la position ennemie, la tour occupée devait être selon le plan prévu soumise aux tirs ». La cathédrale fut à nouveau gravement touchée par des tirs de canons allemands déclenchés le 19 septembre 1914. Vingt-cinq obus ont mis le feu à la charpente, gravement endommagé à nouveau la façade, détruit une partie importante de la toiture en faisant fondre son plomb, et brisé plusieurs vitraux médiévaux.

La malheureuse ville de Reims, héroïquement défendue par les troupes françaises fut presque complètement détruite et perdit un nombre élevé d'habitants. À la fin de la guerre, il ne resta qu'une ville déserte, fantomatique autour du squelette de sa cathédrale.

La destruction de la cathédrale suscita une intense polémique. Le gouvernement allemand plaida en faveur d'une confusion du commandement, et n'hésita pas à accuser la France d'avoir honteusement installé des blessés allemands dans la cathédrale pour arrêter les bombardements. L'argumentaire allemand fut réfuté dans une ambiance de dissimulations et de mensonges qui pesa sur la rédaction de l'armistice en 1918. L'Allemagne vaincue persista à considérer que la destruction de Reims fut une erreur involontaire, déclenchée sans haine. Il n'y eut pas grand monde du côté des Alliés pour accepter cette explication. Le milieu intellectuel des deux pays fut atterré par l'événement. Des injures fusèrent dans la presse des deux pays.

L'incendie de la bibliothèque de Louvain et celui de la cathédrale de Reims constituèrent des témoignages irrécusables d'un profond changement de l'âme allemande. La querelle des intellectuels qui s'ensuivit a montré sa gravité.

*

Mona Ozouf rappelle qu'Ernest Renan, en proie à une illumination mystique décolorant à jamais les ornements d'une autre foi,

« a cru entrer dans un temple en découvrant l'Allemagne* ». Mais la guerre de 1870 entre l'Allemagne prussienne et la France lui a fait perdre sa chimère, l'espérance d'une paix durable entre les deux pays et d'un ordre républicain achevé. Voici les mots de Renan écrits pendant la guerre, au lendemain de la défaite de Sedan et publiés dans *La Réforme intellectuelle et morale* : « Un abîme est creusé entre la France et l'Allemagne [...]. L'Allemagne a été ma maîtresse ; j'avais la conscience de lui devoir ce qu'il y a de meilleur en moi. Qu'on juge de ce que j'ai souffert, quand j'ai vu la nation qui m'a enseigné l'idéalisme railler tout idéal, quand la patrie de Kant, de Fichte, de Herder, de Goethe s'est mise à suivre uniquement les visées d'un patriotisme exclusif, quand le peuple que j'avais toujours présenté à mes compatriotes comme le plus moral et le plus cultivé, s'est montré sous forme de soldats ne différant en rien des soudards de tous les temps, méchants, voleurs, ivrognes, démoralisés, pillant comme du temps de Wallstein. » Ernest Renan tenait en grande part cette passion pour l'Allemagne de son grand maître Victor Cousin, titulaire depuis 1815 de la chaire de philosophie moderne de la Sorbonne, qui se flattait d'être « accueilli au-delà du Rhin comme une espérance** ». Le ministre Jules Ferry, l'un des gardiens des institutions républicaines, s'associait à ceux (principalement l'historien Gabriel Monod et le linguiste Michel Bréal) qui pensaient devoir s'inspirer de la tradition allemande.

Romain Rolland, journaliste et historien formé à l'École normale supérieure, ressentit une émotion comparable à celle de Renan après une quarantaine d'années de paix. La passion de Rolland pour l'Allemagne s'est confondue avec celle de ses musiciens, surtout de Beethoven dont il comprenait intimement les élans, qu'il interprétait souvent et dont il a fait le centre de son enseignement de l'histoire de la musique.

* Ernest Renan, *La Réforme intellectuelle et morale*, présentée par Mona Ozouf, Perrin, 2011.
** Victor Cousin, *Souvenirs d'Allemagne*, CNRS Éditions, 2011.

Rolland était à jamais reconnaissant à sa mère de lui avoir appris « la première prière qu'il adresse chaque jour sous des formes nouvelles, aux puissances sacrées de la vie », les fondamentaux musicaux*. Son piano ne l'a jamais quitté parce qu'il lui a permis de trouver les harmonies qui se construisent au-dessus des nations. Beethoven lui a inspiré des « passions portées au paroxysme », qui n'atteignent jamais la même intensité dans aucune autre composition, fût-elle de Mozart, par ailleurs meilleur dans la légèreté et même la frivolité, ou de Wagner qui l'assène dans des accords qui s'imposent répétitivement avec des cliquetis d'acier. C'est l'harmonie de Beethoven qui a fait naître l'attachement passionnel de Rolland à l'Allemagne et qui l'a persuadé que sa *Neuvième symphonie*, avec son « Hymne à la joie », évoque les Lumières européennes. C'est la musique qui inspira l'écriture de son livre *Jean-Christophe*, l'un des premiers livres qui me passionna, un grand succès international.

La vie de Romain Rolland a chancelé lorsque l'armée allemande a fait preuve d'un vandalisme inconcevable et intolérable à Louvain et à Reims, une folie extrême s'étant emparée des lieux les plus sacrés de la foi et du savoir. Dès le 4 août 1914, un pessimisme sans appel envahit la pensée de l'écrivain : « Je suis accablé, dit-il, je voudrais être mort. Il est horrible de vivre au milieu de cette humanité démente et d'assister, impuissant, à la faillite de la civilisation. »

Le conflit franco-allemand concerne deux nations ennemies, mais aussi un peuple désemparé par la ruine des espoirs les plus nobles mis dans la fraternité humaine. Romain Rolland s'est insurgé contre la barbarie de l'ennemi. Le reproche fut formulé sans haine à partir « de ces hauteurs où l'on ressent le malheur des autres comme le sien propre ».

Cela ne suffit pas à Romain Rolland, dont l'amour déçu pour l'Allemagne fut sans doute ignoré ou mal compris. Son engagement pour deux cultures, française et allemande, qui se déchiraient alors

* Romain Rolland, *Vie de Beethoven*, *op. cit.*

que de nombreux liens les unissent, était devenu une source de désespoir : « Je me trouve seul, exclu de cette communion sanglante », et encore : « C'est le vide qui m'étreint le cœur*. » Romain Rolland eut à subir la critique de tous ceux qui en France trouvèrent ses arguments trop légers, lui reprochant en particulier son absence de haine viscérale vis-à-vis de l'Allemand. Romain Rolland ne haïssait effectivement aucun Allemand, il en vénérait même certains ; il ne faisait que détester ceux qui avaient eu le pouvoir de susciter le mépris de l'autre.

L'un des plus forts malentendus l'opposa à Gerhart Hauptmann, écrivain allemand assez connu pour son œuvre dramatique et prix Nobel de littérature deux ans plus tôt. Celui-ci adressa une lettre ouverte à Rolland qui contenait des propos donnant à la France l'entière responsabilité de la mésentente entre les deux pays. La réponse de Rolland fut cinglante : « Je ne suis pas le *Gerhart Hauptmann* de ces Français qui traitent l'Allemagne de barbare. Je connais la grandeur intellectuelle et morale de votre puissante race. Je sais tout ce que je dois aux penseurs de la vieille Allemagne ; et encore, à l'heure présente, je me souviens des paroles de "notre" Goethe – il est l'humanité entière – répudiant toute haine nationale. » Le pacifisme de Romain Rolland ne fut compris que par quelques esprits clairvoyants et intrépides. Alphonse de Chateaubriand, Stefan Zweig, Henri Bergson, le journaliste Henri Guilbeaux, Ellen Key en Angleterre et quelques jeunes écrivains furent ses défenseurs publics. Jean-Christophe, son héros, musicien allemand, ne fut qu'un Romain Rolland qui souffre et peine pour faire admettre à une critique qui le désavoue que la paix est le seul remède à des incompatibilités même lorsqu'elles semblent incontournables. Une telle approche exige d'être « au-dessus de la mêlée ». Romain Rolland a recouru à ce titre pour exprimer sa vérité sur le conflit et pour diffuser sa conception éthique sur la France et l'Allemagne.

* *Ibid.*

Au-dessus de la mêlée a valu le prix Nobel à son auteur et lui a conféré une immense autorité morale. La postérité l'a désigné comme une référence incontournable sur une réflexion traitant de la paix en Europe. La scission des intellectuels qu'il provoqua fut le point fort de la polémique provoquée par les exactions de l'armée allemande. L'accusation de barbarie adressée à l'Allemagne provoqua le 4 octobre 1914 la rédaction d'une défense allemande intitulée *An die Kulturwelt* (*Appel des intellectuels allemands aux nations civilisées*), signée par 93 figures du monde intellectuel germanique. Parmi eux, de grands noms des sciences, Rudolf Eucken, Max Planck, Wilhelm Röntgen, sont associés à des historiens, des artistes, des musiciens et des écrivains, entre autres Franz von Stuck, Gerhart Hauptmann, Peter Behrens, Wilhelm Wundt, Max Liebermann, Adolf von Hildebrand, Theodor Wiegand, Hans Thoma, Max Klinger, Wilhelm von Bode et Max Rheinhardt. Quelques-uns, moins nombreux, refusèrent cependant de s'associer à une défense sans réelle preuve de l'armée allemande. Le physiologiste berlinois Georg Friedrich Nicolai et Albert Einstein s'engagèrent contre la guerre pour une coopération pacifique. Le mouvement « Union pour une nouvelle patrie » (Bund Neues Vaterland) y rallia d'autres intellectuels autour de Werner Weisbach, Harry Graf Kessler, Käthe Kollwitz, Heinrich Mann, Stefan Zweig, Helene Stöcker, Clara Zetkin et Max Pesstein.

Mais les intellectuels français se montrèrent incapables de réparer cette césure dramatique et de s'unir avec leurs collègues allemands pour former un grand front pacifiste. Plus grave encore, une opposition apparemment irréductible se cristallisa entre la *Kultur* allemande et la « civilisation » française. Cette dernière relevait selon Bergson du triptyque « liberté, égalité, fraternité, » que la Révolution de 1789 avait propagé en Europe. La France s'imagina alors une Allemagne double, l'une avec une riche tradition de poètes, de penseurs et de musiciens, l'autre sous la dépendance de la Prusse militariste.

Le manque de dignité et de jugement de remarquables intelligences allemandes et le grand silence des esprits français furent consternants. On connaît maintenant les raisons de ces lamentables égarements : le manque d'informations relayées par l'État (bien perçu à Genshagen), les mythes d'une Allemagne éternelle et d'une France invulnérable. Si le monde s'est depuis ressaisi, on peut encore se demander si les nations sont parvenues à admettre, comme le voulait Aristide Briand, qu'« elles ne compromettent jamais leur puissance, lorsque libres de toutes visées impérialistes, et ne servant que des idées de progrès et d'humanité, elles se dressent et disent à la face du monde : je vous déclare la paix* ».

* Cité par Christophe Bellon, *Aristide Briand*, CNRS Éditions, 2016.

DEUXIÈME PARTIE

La fin de l'affabulation

CHAPITRE 11

Ruhe und Ordnung

Les instances directrices de Genshagen, leurs amis et collaborateurs m'ont donné le sentiment de représenter l'Allemagne vénérable. Je n'ai à vrai dire rencontré aucune âme noire rappelant les avatars de la violence qui s'est emparée jadis de ce pays pour le pire, ni dans ce milieu intellectuel ni dans la vie quotidienne. Je suis parvenu à quelques estimations qui me semblent raisonnables et pérennes, tout en me méfiant de la fugacité de certaines attitudes humaines. La versatilité de l'opinion et des comportements fut parfaitement démontrée par la Seconde Guerre mondiale. La grande race indo-germanique pure imaginée par Hitler, Alfred Rosenberg et leurs sinistres acolytes, n'a plus guère de sens au sein de la société contemporaine ; le peuple allemand a parfaitement compris que la prudence s'impose en matière d'hérédité, l'hystérie passée sur la race germanique ainsi que la quête des symptômes l'attestant ne sont plus de mise dans le peuple allemand.

Le refus de l'identité allemande est passé de mode avec l'éloignement des souvenirs de la Seconde Guerre mondiale et la prise de conscience de la nation allemande en tant que nation ouverte et civilisée qui a suivi. L'oubli de la raideur prussienne a fait son œuvre, livrant même l'Allemagne, à l'instar de nombreuses nations contemporaines, à des forces sociales prônant le désordre et l'oubli des traditions.

Les commentaires conservateurs n'ont pas été étouffés pour autant. Les attitudes allemandes font encore l'objet d'intérêts divers, parfois excessifs, particulièrement chez les éducateurs*.

*

L'ordre allemand, qui implique exactitude, attention, obéissance et discipline, représente l'un des comportements les plus présents en Allemagne ; on le dit parfois « typiquement allemand ». En Allemagne, l'application, la méthode et la discipline accompagnent même les grèves. Les Allemands font des grèves comme ils travaillent, avec ordre et retenue. « L'ambiance kermesse populaire des manifs à la française » n'existe pas en Allemagne, note ainsi Pascale Hugues**.

La défense du repos et de l'ordre (*Ruhe und Ordnung*) concerne avant tout la vie quotidienne. Elle n'est pas spécifique, des équivalences pouvant être observées, avec une intensité plus ou moins forte, en Suisse alémanique ou dans plusieurs pays scandinaves. Il est donc absurde de rejeter cette discipline au prétexte qu'elle renverrait à une attitude militariste. Mais c'est que l'Allemagne souffre encore, jusqu'au plus haut niveau, de la tragédie suscitée par l'ordre prussien. Le journaliste Matthias Matussek rappelle avoir entendu Helmut Schmidt se plaindre de la baisse de la ponctualité et de la discipline chez les jeunes Allemands ; le ministre Oskar Lafontaine lui aurait alors répondu que ce genre de vertus « permettait aussi de diriger un camp de concentration*** ». Ce qui est malheureusement exact.

Mais ces comportements peuvent aussi devenir des qualités lorsqu'ils permettent de sauver des hommes en détresse, de les protéger contre un délit éventuel, ou de redonner l'espoir après une injustice. Ces vertus deviennent alors une chance et une défense de la démocratie.

---

* Voir à ce sujet Thea Dorn et Richard Wagner, *Die deutsche Seele*, Kanus Verlag, 2017.

** Pascale Hugues, *Le Bonheur allemand*, Seuil, 1998.

*** Matthias Matussek, *Nous les Allemands, op. cit.*

La même argumentation peut servir au maintien d'un ordre civil courant. Il est plus reposant et plus efficace de conduire ses affaires personnelles dans l'ordre (*Ordnung*) et plus commode de gérer et de régler les affaires d'une famille, comme l'équilibre financier et l'éducation des enfants, dans le calme et la tranquillité (*Ruhe*). Partout en Allemagne, mais aussi dans d'autres pays, la maîtrise d'un ordre familial et de la tranquillité qui en dépend satisfait ses promoteurs ; il n'est pas désagréable d'avoir contribué personnellement à la sérénité ambiante et d'avoir en quelque sorte légitimé son intervention. La maxime allemande « l'ordre est la moitié de la vie » se comprend facilement : l'ordre met la conscience en repos vis-à-vis de la famille elle-même, mais aussi vis-à-vis des enfants, de l'Église et de la société. Les foyers qui souhaitent respecter un ou plusieurs impératifs éthiques ou sociaux sont favorisés par l'ordre. Plus la force de leur engagement est grande, quel qu'en soit le domaine, plus l'ordre est bénéfique, comme l'indique une sociologie élémentaire.

*

Dans son *Chant des cloches* (*Das Lied von der Glöcke*), Friedrich Schiller proclame qu'« un saint ordre est source de bénédictions » (« *Heilige Ordnung, segenreiche ist* »). L'exactitude est un ordre temporel et une attitude germanique impérative. Elle représente une exigence qui peut irriter les Européens qui ne la respectent pas, pensant sans doute comme certains Français qu'il est de bon ton d'arriver en retard à une réunion, une invitation ou un repas. L'inexactitude exaspère les Allemands parce qu'ils la considèrent depuis longtemps comme une entrave morale. Les retards fréquents et incompréhensibles de la Deustche Bahn (la SNCF allemande) ont fait partie des grands mécontentements populaires. Les impératifs moraux et sociétaux ont entretenu jusqu'à nos jours une régulation précise du mouvement humain, âprement enviée lorsqu'elle fonctionne et détestée lorsqu'elle dysfonctionne. Les armées furent les premières à exiger l'ordre de leurs troupes. À partir du Moyen Âge, des responsabilités militaires, colligées dans maints textes impériaux (*Reichslandfrieden*), se proposèrent d'assurer la sécurité de personnes (marchands et pèlerins) et d'espaces publics utiles à la société. En outre l'ordre est garant de victoires, quitte à user de la violence. La violence fut même considérée par Luther comme un outil protégeant du désordre. Ceux qui en eurent la responsabilité furent considérés comme simples exécutants d'une *Polizei* (police) apportant la sécurité (*Sicherheit*), dont dépend la qualité de l'existence. Avec la volonté d'assurer la paix afin de pouvoir en fin de compte honorer Dieu librement. Luther là encore fut convaincant : la quête de l'ordre, même douloureuse, peut, dès ses débuts, s'avérer une digne entreprise.

La formule *Ruhe und Ordnung* fut entérinée rapidement, légitimant l'emploi de la force par les élites. Luther a prôné l'ordre des consciences, mais il a aussi voulu la paix. La confrontation religieuse le peinait. Il souhaitait un ordre assis sur ses propres principes réformateurs et installé dans la paix ; il recommandait des arbitrages, conseillait de se « soucier des dominations terrestres, et de prier pour la paix et pour une existence paisible sur terre ». Des mesures préservant ou instaurant l'ordre public peuvent être justifiées lorsque celui-ci est fragilisé par des circonstances délétères.

Des outils de l'ordre, mis en jeu par les besoins du roi, de la patrie, de la liberté, du peuple et des classes laborieuses, ont donc reçu une approbation religieuse. La justification de l'ordre s'est d'ailleurs produite souvent grâce à la noble influence de princes allemands alléguant de leur conscience religieuse.

Le gouvernement allemand a admis la nécessité de maintenir l'ordre en plusieurs circonstances historiques. L'une des plus franches survint après la défaite de la Prusse à Iéna en 1806. L'affiche apposée dans Berlin réclamait calme et ordre avec une insistance manifestement stimulée par le chaos de la Révolution française qui avait failli se perdre dans le désordre.

La révolution de 1789 représenta en effet l'exemple même d'un mystérieux désordre qui se doubla bizarrement et paradoxalement de toutes les vertus républicaines. L'écrivain et pédagogue allemand Joachim Heinrich Campe, qualifia la Révolution de « Vertu ». En 1792, l'occupation de Mayence par l'armée républicaine française a cependant conduit Goethe à exprimer une interprétation plus modérée : « Telle est ma nature, j'aime mieux commettre une injustice que de supporter le désordre. »

Depuis cette réserve, en Allemagne, le paradigme du désordre est illustré par la France qui ne s'est pas avérée capable de contenir ses sursauts révolutionnaires, et qui a prouvé tout au long de son histoire ultérieure qu'elle était fréquemment paralysée par le désordre et l'agitation. L'Allemagne, au contraire, a fait preuve d'une grande empathie pour l'ordre, parvenant à étouffer la révolte dangereuse pour sa survie. L'attrait de l'ordre bénéficia même à l'armée du prolétariat de Moabit en 1911 et à la mise en place de la république sociale réclamée par les marins de Kiel en 1918. Le calme et l'ordre revinrent dans une certaine limite, temporairement, dans une république de Weimar faible et vulnérable, soumise au développement du parti national-socialiste.

Mais le rétablissement de l'ordre a alors montré ses limites. Il est donc indispensable de savoir ce que chaque « ordre » réserve. La société allemande ne s'est manifestement pas engagée dans un exercice de cette sorte lors de l'arrivée au pouvoir du nazisme. L'ordre et le calme ont réalisé une sorte d'enveloppe visant à protéger des risques de l'anarchie et du délire intellectuel sans donner de véritable indication sur ce qu'elle contient. Les perversions de l'histoire ont permis de comprendre la prise de position de l'écrivain Kurt Tucholsky, affirmant qu'« une corbeille à papier meuble l'âme de chaque ordre » (« *Die Seele jeder Ordnung ist ein grosser Papierkorb* »).

La convivialité allemande (Die Gemütlichkeit)

L'histoire a été rude avec les Germains. « Les Allemands, écrivait Nietzsche dans *Par-delà le bien et le mal*, sont d'avant-hier et d'après-demain ; ils n'ont pas encore d'aujourd'hui. » Malgré quelques tentatives wilhelmiennes, l'Allemagne n'existe unie, autonome, démocratique, calme et ordonnée que depuis la chute du mur de Berlin, soit une trentaine d'années. Dans sa participation à une recherche sur les lieux de mémoire allemands, l'historien Étienne François rappelle les grands traumatismes qu'elle a dû affronter depuis le XVIe siècle, « perpétuellement oscillante entre le particularisme et l'unité », « avec d'incessantes interrogations sur son unité, [...] menacée d'une rupture de civilisation entre 1933 et 1989* ».

Le calme et l'ordre dans les foyers ne sont apparus, d'ailleurs timidement et pour la première fois, que dans la moitié du XIXe siècle, lorsqu'il fut permis d'espérer dans la prospérité du Reich bismarckien au cœur d'une Allemagne réunifiée. Cette avancée et une possible domination sur la France offrirent l'espoir tant attendu d'un respect international, de l'ordre, du calme et de la famille. Les citoyens allemands purent songer à eux-mêmes et s'accorder les plaisirs de la vie dont ils avaient longtemps manqué. Il s'est agi en particulier du confort bourgeois, du bien-être, de la modernité, du plaisir d'avoir su aménager agréablement une maison ou même de l'avoir fait construire selon ses désirs.

Le cœur, l'âme, la tendresse, l'enchantement allemand, le *deutsches Gemüt*, signifiant tout cela à la fois, était de nouveau accessible et pouvait être trouvé dans sa propre maison. En associant si possible le charme de la tradition germanique, culture, musique, application

* Étienne François et Hagen Schulze, *Mémoires allemandes*, Gallimard, 2007.

au travail et privilégiant les maisons individuelles dont les charpentes boisées sont apparentes de l'extérieur et de l'intérieur.

Les progrès du confort domestique, du chauffage et de l'eau courante, s'associent aux habitudes intérieures passées, lampes à huile et meubles en bois massif. La clarté et la commodité y sont présentes pour réaliser un agréable confort que l'on désigna sous le nom de « style Biedermeier », dont la touche de modernité s'accordait avec l'esprit général de l'époque, les premières machines à vapeur et les premiers trains. Un style proprement allemand était enfin reconnu, avec un cadre et un mode de vie appréciés par le peuple, élégant et traditionnel, quelque peu rustique et pratique, servant et rapprochant la communauté nationale. La recherche du *Gemütlichkeit*, d'une intimité accueillante, n'abandonna pas la jeunesse allemande lorsqu'elle s'installa dans les grands ensembles immobiliers urbains. Tout appartement se devait alors de pouvoir offrir les avantages modernes tout en conservant une paisible et sympathique intimité, conforme à la tradition allemande.

*

L'Allemagne contemporaine, devenue un exemple de société démocratique, ne manie plus énergiquement le *Ruhe und Ordnung*. Les désordres ne sont pas conseillés pour autant, sans être considérés comme un péché transcendantal. L'Allemagne moderne n'a pas refréné ses appels à l'ordre dans la vie quotidienne, mais le peuple allemand n'y voit aucune outrance. D'ailleurs l'attitude, qui peut sembler aujourd'hui une cicatrice de l'histoire, est placée sous une surveillance drastique pour éviter toute rechute : la Loi fondamentale de 1949 précise que les mouvements sociaux sont soumis à une *Mitbestimmung*, à une cogestion, ou à une codécision, entre patrons et employés.

L'Allemagne a eu la sagesse, dans ce domaine comme dans bien d'autres, de faire évoluer un principe chargé de lourdeurs historiques et potentiellement capable de détenir un danger social en une simple attitude soumise à une surveillance attentive lorsqu'il concerne l'État et la société tout entière. L'État allemand ne proteste pas contre le maintien de bonnes habitudes dès lors qu'elles paraissent bénéfiques, mais le risque de déviances se trouve indiscutablement sous haute surveillance.

CHAPITRE 12

La Réforme et la sacralisation du travail

La rénovation du château de Genshagen a progressé à vive allure. Je n'avais jamais constaté autant d'entrain et d'application sur un chantier. Les chambres du premier étage ont reçu leurs meubles incluant une élégante table de travail. Je fus gâté. Ma fenêtre s'ouvre sur un balcon fleuri et sur la grande pelouse du parc. Je fus impressionné par la célérité des ouvriers et la rapidité d'exécution de leur œuvre. Le financement des gouvernements, fédéral et brandebourgeois, fut généreux et le travail appliqué, surprenant dans une terre reculée de la campagne brandebourgeoise. Ma surprise et mon admiration déterminèrent ma réflexion. Les amis de Genshagen, nombreux au pouvoir, facilitèrent l'engagement de l'État fédéral et une excellente coopération unit contremaîtres et ouvriers dans une sérénité qui n'est plus toujours présente dans le monde du travail. Ma surprise était inappropriée : l'Allemagne est depuis longtemps admirée dans le monde entier pour ses productions qui lui assurent une supériorité incontestable dans de nombreux domaines.

Le travail allemand est considéré comme l'un des plus performants du monde. Ses produits, particulièrement ceux de l'industrie lourde, chimique et électronique, sont vantés sur tous les marchés.

Leur réclame traduit leur qualité. Les paysages allemands sont encombrés d'immenses agglomérats traitant les métaux naturels et inventant des structures chimiques artificielles, l'électricité y est générée par des forêts d'éoliennes. Les espaces industriels de Rhénanie, de Saxe et de Sarre ont retrouvé l'énergie qui les habitait avant la Seconde Guerre mondiale. Les ports de la mer du Nord et de la Baltique témoignent d'une remarquable adaptation à l'incroyable prolifération commerciale des temps modernes. D'innombrables entreprises de moyenne et petite taille répandent leur travail dans le pays. Elles sont réparties sur l'ensemble du territoire national et sont proches de leur clientèle. Leur inventivité et leur réactivité sont considérables ; elles ne reculent pas devant les récentes découvertes techniques. Cette réussite repose sur un petit nombre de collaborateurs dont la performance est maximale. Une immense recherche, universitaire et privée, concourt en amont au dynamisme, à la modernité et à la rentabilité du réseau industriel allemand, des rives des mers nordiques jusqu'aux Alpes.

Les avantages de la modernité, les plaisirs de la consommation, la réussite économique ont chassé les indignations suscitées par la participation passée de l'industrie lourde à la guerre. Les métamorphoses contemporaines du travail et de la production sont admirées par le peuple malgré les nouvelles difficultés qui peuvent en résulter. Le travail a largement contribué à structurer la société allemande au cours du siècle passé. Cette situation n'est pas neuve : Mme de Staël, à l'aube du XIXe siècle, admirait la puissance du travail allemand : « L'industrie, le bien-vivre et les jouissances domestiques représentent des intérêts principaux. » Ces préférences sont encore d'actualité en Allemagne. Le travail, bien sûr, les nourrit.

La presse économique et financière française s'inquiète souvent de la réussite allemande, cherchant à définir les raisons et les motifs de sa supériorité afin de mettre en exergue des modèles pouvant aider la France à réduire ses difficultés et son retard.

On a surtout cherché à savoir si la réussite allemande est conséquence de la quantité de travail fournie, de sa durée et de son intensité. Le résultat de nombreuses enquêtes indique pourtant que le nombre d'heures passées au travail ne diffère pas sensiblement d'un pays à l'autre. Aucun déséquilibre franc du nombre d'heures laborieuses ne peut expliquer la supériorité allemande. L'image du travail français a été du même coup rectifiée.

La différence entre les deux pays est plus sournoise. Le réseau des petites et moyennes entreprises est nettement moins développé en France qu'en Allemagne et il est possible que cette différence n'ait pas été pleinement prise en compte.

Surtout, l'organisation et la qualité des gestes impliqués dans le travail, quel que soit le domaine, n'ont pas davantage été, me semble-t-il, pleinement considérées. Or la manière de travailler n'est pas strictement la même sur les deux rives du Rhin. Il est courant d'évoquer une grande application du travail allemand dans certains gestes professionnels les plus ordinaires, certains coups de main, le mode opératoire, le style et l'ambiance générale. La réalité et la fréquence de ce phénomène, s'il est réel, méritent un débat. Les conséquences sociales également.

Les métiers créatifs, producteurs d'innovations, dont l'ambiance et la pratique sont spécifiques, ne sont guère concernés par cette discussion. Il s'agit ici des professions qui, quelle que soit leur part d'automaticité, concourent à un service de la vie courante, exigeant un apprentissage rigoureux mais sensiblement identique sur tout le continent. L'interrogation concerne surtout les professions utiles à la vie quotidienne, ouvrières, parfois mais pas toujours exclusivement manuelles, dépendant plus de règles transmises lors de l'apprentissage que d'une véritable créativité. L'Allemagne exerce une vigilance particulière sur les gestes des emplois industriels et apprend à les respecter avec une dévotion particulière. Les enseignements techniques sont respectés, vraisemblablement avec plus de soin qu'en

France. Les universités techniques y sont considérées avec le même respect que les universités classiques.

Toute profession, tout *Beruf* (métier), est regardée comme éminemment digne de respect. L'apprenti allemand découvre progressivement la fierté liée à ce qu'il accomplit. En France, certaines professions, utiles à la société ou dépendant d'une intense réflexion, artistes, infirmiers, conducteurs de train, pilotes d'avion, responsables du sauvetage en mer et en montagne, toutes les professions altruistes et dangereuses, procurent une fierté spécifique chez ceux qui les pratiquent. En Allemagne, une fierté professionnelle couronne toutes les professions quelles qu'elles soient, intellectuelles et manuelles, y compris celles qui comportent des éléments d'automatisme et tous les emplois qui satisfont la vie quotidienne. On y est frappé par la fréquence des professions donnant l'impression à ceux qui les exercent de s'y plaire ; elles s'accompagnent d'une pleine conscience professionnelle. L'application à accomplir une tâche, la joie qu'elle apporte et la conscience du travail exécuté garantissent la qualité du temps qui y fut nécessaire.

L'ouvrier, le travailleur européen d'une institution latine, est volontiers rapide, semblant posséder une réserve de temps lui permettant quelques arrêts, aides ou remplacements d'un collègue ou encore, de répondre à un appel téléphonique impromptu. Mais le temps consacré à ces sollicitations est prélevé sur celui réservé au travail qui lui est demandé. Une certaine précipitation, éventuellement nuisible, peut alors se manifester. Elle n'a guère de place dans les conditions du travail allemand, l'ordre et la ponctualité prévus avant le début de son exécution devant être respectés sans introduire la moindre modification.

Toute modification du rythme du travail impose en effet une interruption pour organiser un nouveau tempo et le tester avant de le mettre en œuvre. L'Allemand ne s'inquiète pas du temps passé à mettre en ordre un programme, jamais perdu à ses yeux, même s'il ralentit le processus opérationnel. Le Français peut ainsi paraître, en jouant avec le temps, habile, dégourdi, mais un peu léger et pas toujours totalement investi dans son activité, en tout cas moins que l'Allemand. Celui-ci inspire au contraire confiance par sa maîtrise de soi et du programme qu'il peut accomplir, et donne l'impression d'effectuer un travail solide et durable. Il est appliqué, quitte à paraître quelque peu tâcheron, voire un peu lourd. Le Français manifeste une aptitude particulière à répondre à une urgence, et a le don de décider une mise en œuvre rapide de toute opération qui semble la meilleure.

Mme de Staël, dans les premières lignes de son livre intitulé *De l'Allemagne*, en fait une analyse comparable : « On a beaucoup de peine, écrit-elle, à s'accoutumer en sortant de France à la lenteur et à l'inertie du peuple allemand ; il ne se presse jamais, il trouve des obstacles à tout ; vous entendez dire, en Allemagne, c'est impossible, cent fois contre une en France. Quand il est question d'agir, les Allemands ne savent pas lutter avec les difficultés. » L'Allemand réfléchit avant d'agir et le Français a le don de pouvoir répondre rapidement.

L'application à accomplir une tâche, la joie qu'elle apporte et la conscience du travail exécuté réclament une double confiance. Celui qui travaille doit avoir confiance en lui-même et celui qui profite du travail doit avoir confiance en son auteur.

Dans la Rome antique, cette qualité accordée par la déesse Fides était déjà une clé de la vie en société : elle engendre concorde et abondance. Il n'y a rien de surprenant à souligner son intervention dans la qualité du travail et dans la réception de celui qui en profite. Les sociologues persistent à souligner l'importance de la confiance dans la viabilité d'une société. Elle est encore vive aux États-Unis et en Grande-Bretagne. En France, la société actuelle est plus défiante que confiante. Il est évident qu'une défiance vis-à-vis de la conception et la fabrication d'un produit industriel freine son emploi et contrarie sa diffusion.

*

L'application au travail de la société allemande s'impose dès les premiers instants d'un séjour en Allemagne. Elle s'affirme par les détails de la vie quotidienne, la propreté qui accompagne l'entretien et la réparation des machines domestiques, des balcons et terrasses et qui semble due à un geste professionnel, le soin apporté aux chantiers extérieurs et l'obligation d'un nettoyage des chaussées devant les portes ménagères ou après leur réfection. Les livraisons dans les villes sont sobres. La conscience du travail est aussi manifeste dans des professions intellectuelles et ce à tout niveau, bibliothécaires, brancardiers et infirmières, médecine clinique. L'hôpital est un instrument de précision comme je l'ai immédiatement constaté à l'hôpital de la Charité de Berlin.

L'application au travail domine tous les autres comportements. Elle est inscrite dans les règles de l'histoire et de la vie allemandes, peut-être depuis l'éveil de la civilisation. Les produits du christianisme, l'édification des lieux de culte ont bénéficié de la conscience accompagnant la foi chrétienne. Érasme, ses éminents confrères de la république des lettres et Luther ont donné une importance essentielle à la maîtrise de cette conscience pour que Dieu permette de mettre en place les talents qui lui plaisent. L'application au travail, la foi religieuse, la conscience professionnelle sont les fondements sacrés de la grandeur de l'Homme. Rome les a voulus donnés par Dieu à l'homme en le créant, Wittenberg les a considérés surtout comme acquis, dépendant de la volonté humaine. Luther a donné à la conscience humaine une place éminente et totalement neuve dans le dialogue que l'homme entreprend avec Dieu. L'homme peut se délivrer de toute préoccupation égoïste relative à son salut car il est sauvé par la foi et la grâce de Dieu, et ne cherche qu'à lui plaire. Sa seule obligation est de croire dans la véracité des promesses divines : « Si tu crois, tu obtiens, si tu ne crois pas, tu n'obtiens pas. » Ce qui signifie aussi que les œuvres désintéressées et utiles au prochain représentent les véritables bonnes œuvres. Travaille avec le soin qui plaît à Dieu et fais en sorte que ton travail soit utile à tous ! Va jusqu'au bout de ton action !

L'évaluation du travail accompli exige naturellement une pleine prise de conscience de soi et des autres. Le terme « conscience » est d'ailleurs entré dans la langue allemande avec Luther. La conscience y fut même détaillée avec ses deux significations, *Bewusstsein* correspondant à la représentation qu'un homme peut se faire de quelqu'un ou de quelque chose et *Gewissen*, à la conscience morale, bonne ou mauvaise, impliquant une responsabilité.

La mise à la disposition des citoyens allemands d'un moyen linguistique permettant d'analyser leur conscience et leur action a été relativement précoce. Elle a particulièrement concouru à l'idéologie des Lumières qui donne à l'âme humaine la maîtrise et l'entière responsabilité du jugement et de l'action. L'Allemagne peut donc, depuis cinq siècles, faire clairement référence au jugement de son âme sur son apprentissage et ce à quoi il sert ou à la manière dont il agit.

Personne ne s'étonne, pas même les Allemands, que leur peuple « soit trop discipliné pour descendre dans la rue », selon l'expression de Claire Demesmay*. La relation qui unit la qualité, l'application et la réussite fut sacralisée par six siècles d'adhésion à la Réforme.

* Claire Demesmay, *Idées reçues sur l'Allemagne*, *op. cit.*

CHAPITRE 13

Le génie de la musique

« Tous les grands musiciens allemands, Bach, Haendel, Gluck, Haydn, Mozart, Beethoven, en partie Wagner, furent traités ensemble par l'esprit allemand qui à son plus haut niveau ne les a pas enfermés dans un patriotisme étroit, mais les a dirigés et poussés sans préjugé et au loin pour s'inspirer de modes étrangères nouvelles », écrivait le célèbre critique musical Paul Brekker en 1920.

Sans vouloir nier cet internationalisme, je préfère affirmer qu'ils représentent au contraire la quintessence musicale allemande qui confère à tous les mêmes émotions et les mêmes joies. La musique est un art très allemand. Le chant et le solfège sont enseignés en même temps que les fondements de la langue allemande et du calcul mental. Les exercices physiques de la jeunesse civile et militaire sont encouragés par des chants. Les *Mannerchöre* (chœurs d'hommes) animent les sociétés villageoises et urbaines depuis que le compositeur Carl Friedrich Zelter réussit à convaincre Napoléon de leur importance pour rétablir le moral d'un pays occupé. Cette initiative fut appuyée par les grandes figures prussiennes contrites par la défaite, les officiers du corps libre de Lützow, le pédagogue Ludwig Jahn, les poètes et compositeurs Joseph von Eichendorff et Theodor Körner. Elle a résisté à l'accélération du temps de la modernité, et garde le caractère d'une indiscutable passion allemande.

En Allemagne, la musique est une affaire organisée plus répandue, plus populaire qu'ailleurs en Europe. Elle accompagne les événements et les cérémonies que l'on veut saluer. Elle fut toujours présente aux inaugurations des grands moments universitaires auxquels j'ai assisté à Genshagen ou à Berlin.

Les ouvertures des colloques importants de la fondation Genshagen, celles des symposiums organisés à Berlin par l'Académie, l'hôpital de la Charité, l'hôpital universitaire de Berlin-Buch, l'Université Humboldt ou toute autre organisation fédérale à laquelle il m'a été donné de participer, furent presque toujours introduites par un petit orchestre ou un bon soliste. Le piano et les instruments à cordes dominent mais n'éliminent pas les instruments à vent, voire les cuivres, lorsqu'une emphase particulière est souhaitée. Je me rappelle la stupéfaction, mais aussi la fierté d'un président d'université parisienne lorsque des trompettes berlinoises l'accueillirent comme un héros moyenâgeux. À chaque ouverture musicale, j'ai constaté l'enthousiasme des plus jeunes artistes qui se considéraient comme honorés par une invitation académique. Les artistes confirmés se laissaient tenter.

Les Allemands ont une passion pour la musique qui dépasse celle des autres pays européens. Les *Männerchöre* n'ont pas d'équivalent en France, même dans les provinces qui demandent à se divertir ; la Sorbonne ne recourt guère à la musique pour honorer et accompagner ses cérémonies officielles. L'un de mes collègues de l'hôpital de la Charité de Berlin, éminent neurologue, abrégeait couramment les discussions pour chanter dans un chœur de la ville ; personne n'a osé contester ces absences.

La culture musicale germanique et les talents d'interprètes furent vantés à chaque génération. Thomas Mann l'a célébré à sa manière en s'interrogeant : « Peut-on être musicien si l'on n'est pas allemand ? » (« *Kann mann Musiker sein, ohne deutsch zu sein ?* »). Il aurait aussi bien pu se demander si l'on pouvait être allemand sans être musicien.

Plusieurs personnages ayant joué un rôle de premier plan dans l'histoire nationale furent d'excellents musiciens. Le grand roi Frédéric II attira la sympathie par son incontestable maîtrise de la flûte. Toute grande ville allemande possède salle de concerts et opéra, un ou plusieurs luthiers, des églises et des orgues, une école de musique, des salles de chant, un orchestre, une ou plusieurs chorales qui mêlent efficacement les différents niveaux sociaux.

La musique est un excellent auxiliaire. Les Allemands y ont recours pour vivre, elle apaise les détresses, contribue à lutter contre le chaos, affermit les comportements, entretient rêves et espoirs. Des groupes d'hommes retrouvent leur énergie en chantant. Cet art comporte une essence religieuse dépourvue de formalisme, mais aussi mystérieuse, voire mystique, à la manière de certains passages liturgiques.

La musique exalte l'imagination du peuple allemand, le romantisme et la sérénité suscités par les merveilles de la terre. La musique catalyse la part d'emphase qui habite secrètement la personnalité allemande. Les Germains ont adapté la musique grecque puis romaine à leur passion en s'aidant de la qualité de certains de leurs bois permettant de confectionner des instruments musicaux d'excellence.

La musique a aidé à germaniser leur foi, vivifier les ardeurs militaires, soutenir leurs pensées, conforter leur ordre, et épauler leurs choix politiques. La musique est devenue une aide essentielle de la pensée et de la culture allemandes.

*

La musique a toujours accompagné les grandes périodes et les moments fondateurs de l'histoire allemande. Elle balbutia jusqu'au XVe siècle, véritablement contaminée par la faiblesse du Saint-Empire. Les facteurs d'orgue allemands de cette époque furent cependant les meilleurs d'Europe, réputés pour la finesse de leurs timbres. Les fameux maîtres-chanteurs (*Meistersingern*) surent aussi composer des poèmes sur des airs connus et inventer des airs nouveaux.

Leur musique fut une monodie assez obsédante avec quelques tons lents, rugueux, uniformes qui prennent parfois une ampleur émouvante faisant résonner les fibres profondes des auditeurs ; Wagner a parfaitement su s'en servir.

Martin Luther a reconnu le premier, en 1517, la force spirituelle de la musique, si imprécise fût-elle alors : « Après la théologie, c'est à la musique que je donne la plus belle place et le plus grand honneur. »

Les premiers maîtres allemands de la musique ont entouré Luther ou ont développé son héritage au XVIIe siècle. Leur chaîne culturelle est connue du monde entier. Elle a largement contribué à la grandeur de l'Allemagne, à sa grandeur par la culture. Heinrich Schütz, né en octobre 1585 fit de sa Saxe natale et de la Thuringe voisine une terre musicale. Haendel est né à Halle, Bach à Eisenach, Wagner à Leipzig, Schumann à Zwickau.

Schütz fut maître de chapelle à Dresde. Il fut sensible à la musique italienne et sut assimiler le style concertant italien dans la musique religieuse allemande, essentiellement psaumes et *requiem*. Ses *Passions*, composées dans les dernières années de sa vie, sont austères, majestueuses, et imprégnées de la Réforme, annonçant Bach dès 1660.

La musique est devenue en Allemagne une voix intérieure des consciences concourant à leur expression et à leur soulagement si nécessaire. Les Allemands font partie des peuples qui n'expriment pas ou mal leurs sensations et réflexions profondes. Il s'agit peut-être d'un héritage luthérien témoignant du respect des autres. Le « *never complain, never explain* » britannique est volontiers remplacé par un appui musical. La haute musique allemande vient au secours de cette sorte d'apraxie. L'aide à la prière, les hymnes glorifiant et implorant la puissance divine sont légion dans l'œuvre de Haendel, et de Jean-Sébastien Bach et de ses fils. Bach a cherché à glorifier Dieu et à élever les âmes vers lui dans une immense œuvre. Les experts musicaux y trouvent quelques répétitions et automatismes, des emprunts italiens, mais en vérité un génie sans limites. L'inépuisable *Clavier bien tempéré* et les *Passions* furent des sources d'inspiration quotidiennes pour Schumann, Chopin, Liszt. Wagner a considéré l'œuvre de Bach comme « l'histoire la plus intime de l'âme allemande ».

Mozart fut un Autrichien de Salzbourg qui revendiquait son identité allemande. Son génie fut enchanteur, séduisant toutes les cultures. Wolfgang Amadeus Mozart fut proche du surnaturel, comme l'écrivit Mauriac, parce que, « imprégné de Dieu et produisant une musique rendant inconcevable les conceptions matérialistes du monde ». À partir de 1783 (Mozart avait alors 27 ans), les chefs-d'œuvre se succédèrent. Il a cherché à se rendre humain et direct, négligeant les impératifs religieux, avec une ingéniosité inépuisable, multipliant les mélodies. Sa symphonie *Jupiter* témoigne d'un sens génial de l'équilibre entre les grands sentiments et le classicisme qu'il sait rompre avec des volte-face, des envolées pétillantes et des confidences poignantes.

Ludwig van Beethoven, un demi-siècle plus tard, se hissa au sommet du génie musical allemand qui, au-delà de l'esthétique de la composition touche le plus profond de la sensibilité humaine. La fantaisie de Mozart est viennoise, la profondeur émotionnelle de Beethoven est allemande, franche, courageuse et noble devant les difficultés de la vie et complice de ses propres sentiments.

*

Richard Wagner représenta l'inverse. Son talent n'a pas attiré tous ses auditeurs, il a même desservi l'impérialisme de l'âme allemande. Wagner participa à la révolution de 1848 à Dresde, puis tenta désespérément de convaincre la critique en honorant les vieux mythes et les légendes du Moyen Âge germanique en les accompagnant d'une musique extatique, souvent tonitruante, qui bouscule l'ordre et la sensibilité des deux génies, Mozart et Beethoven. Le *Vaisseau fantôme, Tannhäuser*, la tétralogie, *L'Anneau du Nibelung*, puis les opéras des *Maîtres chanteurs de Nuremberg* et *Parsifal* relèvent tous, comme le remarque Baudelaire, « du même style héroïque ayant jailli avec une impétuosité naturelle, une solennité, et une immensité sans autre décor qu'elle-même ». Le leitmotiv y a une fonction essentielle et « des symétries brisées se reconstituent en formes classiques à une échelle géante ».

Wagner a trouvé son inspiration dans les profondeurs médiévales de l'histoire allemande. Ses opéras diffusent une musique caractéristique par ses éclats et sa violence puisés dans les mythes germaniques, suscitant haine et admiration.

Une nuée de compositeurs illustres de la fin du XIXe siècle resta coite devant son audace associant bruit et théâtralité. Quelques personnalités, séduites par l'épopée médiévale, Louis II de Bavière, Guillaume Ier, les philosophes Nietzsche et Schopenhauer se portèrent garants de son art. Wagner put construire ses propres scènes mythiques à l'Opéra de Dresde et dans le Palais des festivals (*Festspielhaus*) qu'il se fit construire à Bayreuth.

Wagner était alors admiré pour les conséquences politiques de sa force créatrice défendant l'impérialisme conquérant de l'âme allemande. Wagner, par son hommage permanent au passé germanique et son antisémitisme partagé par Nietzsche, fut idolâtré par le régime nazi. Son fils Siegfried fut d'ailleurs lié à Hitler. Le compositeur fut aussi, par le développement d'une harmonie de plus en plus riche et polyphonique, ses rythmes et son instrumentation, le créateur d'une religion et d'un art nouveaux qui séduisirent les nazis.

L'appartenance politique n'a jamais fait bon ménage avec la création artistique. La musique wagnérienne s'oppose à la finesse, au charme et à la sensibilité de ses génies, Mozart, Beethoven et tant d'autres qui tinrent leurs talents pour des modèles. Les dons musicaux de Wagner et son appétit respectable de vieille Allemagne furent ainsi gâchés par des arrière-pensées impérialistes, antisociales et antisémites qui firent le lit de l'horreur du XXe siècle. L'art musical fut dévoyé, réalisant un comble d'indignité dans une Allemagne à laquelle la musique devait tant.

Thomas Mann, qui appréciait tant Wagner, aurait pu s'abstenir de théoriser et d'évoquer des interprétations insaisissables. Pour celui-ci en effet, l'âme allemande, nourrie de civilisation, rejette vigoureusement ce qu'il appelle « démocratie », un système particulièrement apprécié des Français, qui nuit au contraire à la vie et la hiérarchie des forces indispensables à la vie allemande. L'Allemagne, pour Mann, ne souscrit pas au verbiage démocratique qui plaît tant à ses ennemis britanniques et à la France. L'esprit allemand se dissoudrait et serait anéanti, voire disparaîtrait, dans une démocratie mondiale, impérium de la civilisation, affirme Mann. Les Allemands ne sont avides ni d'idées ni de politique. L'État autoritaire si décrié est la forme gouvernementale qui convient à l'Allemagne en remplaçant les idées par des actions. Thomas Mann conclut par une incompréhensible affirmation qui n'a pas été assez dénoncée : la musique permettrait cette purification en aidant au refoulement de la tentation démocratique.

*

Le gouvernement allemand, conscient de la tradition musicale de son peuple, porte une attention particulière à ses cent trente orchestres (d'opéra, de chambre ou symphoniques). Un quart des musiciens professionnels mondiaux travaillent dans une institution allemande. Le coût de l'entretien des lieux légendaires de la musique allemande est cependant considérable tant à Bayreuth, qu'au Semperoper de Dresde, à la Philharmonie de Berlin et à la Philharmonie de Hambourg. Cette dernière, au cœur du nouveau quartier de la Hafencity, en plein centre-ville, est un magnifique édifice de verre et d'acier dont la construction fut très onéreuse et difficile, mais dont l'acoustique cristalline est admirable.

CHAPITRE 14

L'impossible identité allemande

Un peuple qui aime l'ordre et qui sacralise son travail possède et entretient une personnalité particulière. Ses membres le savent et tentent depuis longtemps de la définir et d'en saisir le profil avec l'espoir d'en préciser avantages et inconvénients.

L'imagination ne lui a pas fait défaut, ses qualités l'incitant à se penser originaire des rives méditerranéennes enchanteresses, grecques et latines en particulier, et de leurs fruits « blonds comme miel* ». Johann Chapoutot rapporte les propos qui ont fait naître les Allemands d'un peuple grec issu du sol, de la race et du peuple indo-germanique, c'est-à-dire nordique**. L'*Iphigénie* de Goethe raconte comment l'intense ardeur allemande se dissimule au sein de la terre grecque. L'*Hyperion* d'Höderlin chante la soumission aux dieux grecs de l'homme allemand : « C'est dans leurs bras qu'il a grandi. » Friedrich Schiller, August Wilhelm Schlegel et Johann Gottfried Herder défendirent aussi l'idée d'une souche nordique. Le peuple allemand aima passionnément la Grèce antique et lui apporta « la couleur de son cœur ».

Cette mythologie a séduit le IIIe Reich à la fois sur le plan esthétique et sur le plan historique, la race germanique étant à la fois héritière

* Dieter Borchmeyer, *Was ist deutsch ?*, *op. cit.*

** Johann Chapoutot, *La Révolution culturelle nazie*, Gallimard, 2017.

de la beauté nordique et des capacités créatives indo-germaniques. Les Allemands ont imité les Grecs et les Latins en se préparant à la guerre, à cette guerre des races qui a pour nom Histoire. La défaite qui a surpris le Reich du XXe siècle fut le reflet de l'ensevelissement de la race nordique sous un tombereau de normes culturelles, qui furent néfastes *in fine* : le christianisme, l'humanisme, les Lumières, le droit de la guerre, les conventions internationales... Les mythes ne s'expriment guère sur leurs origines. Le mythe germano-grec est à la limite de la vraisemblance, mais traduit une irrésistible envie d'élévation de l'esprit allemand. Les Germains ont souhaité profiter de cette avancée, l'engouement de leurs empereurs pour les horizons méditerranéens en témoigne.

Cette aspiration à l'excellence s'est aussi traduite par une vive inclination pour la mystique chrétienne développée dès le haut Moyen Âge. La spécificité allemande est ici faible, la France partageant la recherche d'une proximité avec Dieu. Bernard de Clairvaux, entre autres, a consolidé sa foi dans la vallée rhénane et en particulier auprès de Hildegard de Bingen, grande croyante mystique, écrivain et fondatrice d'abbayes. L'élan mystique fut intense en terre rhénane, grâce en partie à Maître Eckhart qui prônait la recherche d'une prière absolue et sans fin pour se faire entendre de Dieu. Tauler ou l'Anonyme de Francfort contribuèrent à cette ferveur mystique. Celle-ci, qui implique une franche supériorité de la foi la plus pure, la plus désincarnée possible sur la complexité théologique de l'Église romaine, a vivifié la foi d'une longue lignée de croyants, de Mechthilde de Magdeburg à la fin du XIIIe siècle, jusqu'à Philipp Jacob Spener, fondateur du piétisme au XVIIe ; elle a préoccupé plusieurs religieux, outre Luther, tel Jacob Böhme, visant la perfection par la mystique et une pléiade de philosophes de la nature, de « Rose-Croix », d'alchimistes et d'astronomes, jusqu'à Kepler. On hésite cependant sur la signification de cette vague de mystique allemande. S'est-il agi d'une foi pure, d'une foi stimulée par le progrès ou d'une réaction particulière à la société allemande ? Des élans mystiques ont agité d'autres pays européens mais peut-être avec des motivations différentes. Il est en tout cas singulier de les observer en Allemagne, pays de l'ordre, alors que les élans mystiques allaient souvent de pair avec une contestation de l'ordre établi, en tout cas religieux. Certains auteurs évoquent la persistance d'une « angoisse allemande » face au progrès, particulièrement forte au Moyen Âge. Elle témoigne en tout cas d'une préoccupation de recherche de soi et de compréhension du monde extérieure inhérentes à l'identité allemande.

*

L'idée d'un peuple allemand avait en tout cas pris corps, bien que balbutiante, mêlant d'une façon invraisemblable Grèce, Empire romain et chrétienté. Une « nation allemande » n'était pas encore née, mais le chemin d'un certain patriotisme commençait à être tracé. Le patriotisme s'apparente en effet à un état mental qui témoigne de l'appartenance à une nation et de la volonté de la servir. La nation allemande a peiné à se faire reconnaître pendant le temps du Saint-Empire. Le patriotisme ne s'est affirmé que lorsqu'un consensus d'appartenance populaire s'est dessiné contre la présence de Napoléon en Allemagne, à partir de 1810.

L'existence d'une patrie allemande au sein du Saint-Empire tardif est cependant couramment admise, malgré la faiblesse, voire l'inexistence de l'État central et la diversité ethnique. Cette situation était peu compatible avec la prétention d'un État allemand ; le patriotisme n'y eut donc guère de racines évidentes, au contraire de la France et de l'Angleterre à la même époque.

Pendant près d'un millénaire, le peuple germanique n'eut donc aucune patrie, au sens strict du terme, mais réalisa une communauté unie par la langue et la culture. Les débuts de l'histoire d'une véritable nation allemande ne sont envisageables qu'à partir de plusieurs événements du XIXe siècle, qui authentifièrent une existence jusque-là seulement en germe : les *Discours à la nation allemande* de Fichte (1807), la guerre de libération nationale et la bataille des Nations à Leipzig (1813), et la proclamation de l'Empire allemand (1871).

Avec l'unité allemande, due au chancelier Bismarck, l'Allemagne a enfin défini ses frontières. À la fameuse question posée par Arndt lors des guerres de libération : « Qu'est-ce que la patrie allemande ? », on avait enfin trouvé une réponse gratifiante : l'histoire *allemande* était désormais arrivée à son terme.

Une « patrie allemande » fut désormais consacrée sous le règne des kaisers, Guillaume Ier et Guillaume II, et s'est maintenue sous le nazisme hitlérien, jusqu'à sa dissolution en 1945. Elle ne résista pas à la scission de l'État allemand entre la RFA et la RDA, jusqu'à ce que le Mur séparant les deux Allemagne chute et que la reconstitution du territoire allemand soit enfin réalisée.

L'histoire de la patrie allemande fut donc remarquablement brève et discontinue par rapport à celle de la plupart des nations européennes. Il s'est agi d'une histoire extrêmement tourmentée, pathétique par ses pertes humaines et son immoralité qui a déstabilisé le monde germanique et l'Europe, ne lui apportant aucune certitude existentielle et éthique.

L'idéal patriotique s'est alors effondré, le terme « patrie » ayant à nouveau perdu sa signification. Le peuple allemand, déçu, bouleversé par des illusions et la découverte des perversions nazies, n'osa plus se référer à sa patrie. « Longtemps, il fut de mauvais ton d'agiter un drapeau aux couleurs de l'Allemagne ou de chanter l'hymne national », rappelle Claire Demesmay ; la honte de la défaite et du comportement allemand pendant la guerre neutralisa durablement toute allusion patriotique.

Et pourtant la patrie tient au cœur des Allemands, si profondément même qu'ils lui accordent un terme exprimant leur émotion, *die Heimat*, qui la situe dans un domaine affectif que n'expriment pas les deux mots ayant une signification plus pratique et plus commune, *das Vaterland*, patrie administrative, et die *Zugehörigkeit*, l'appartenance. La famille, le village, la région ont longtemps servi de cadres de vie protecteurs, assurant une *Gemütlichkeit* (un confort rassurant). Cette double dénomination, malgré sa noblesse et son utilité, n'est plus guère en rapport avec les exigences des structures politiques modernes, mais elle exprime des sentiments humanistes et pacifistes ; elle satisfait aussi quelques réminiscences contemporaines et fut maintenue. Une première fierté nationale est réapparue en 1954 à l'occasion d'une victoire de l'Allemagne fédérale sur la Hongrie lors d'un match de football. La Fussbal-Nationalmannschaft qui l'emporta vint prendre place parmi les héros nationaux : le sport avait permis à l'Allemagne de prononcer le mot de « victoire » pour la première fois depuis longtemps.

Cet événement survint en même temps que l'Allemagne retrouvait sa souveraineté et se lançait dans la construction européenne ; les traités donnant naissance à la Communauté européenne du charbon et de l'acier (CECA), puis à la Communauté économique européenne (CEE) datent en effet, respectivement, de 1955 et de 1957. De nouveaux exploits de l'équipe nationale de football survinrent, mais la deuxième victoire à la Coupe du monde (en 1974) ne donna lieu à aucune manifestation patriotique. Pendant les vingt années qui suivirent, les Allemands de l'Ouest se réclamèrent d'ailleurs plus souvent de leur appartenance européenne que d'une identité nationale. Cet engagement fut maximal entre les années 1980 et 1990.

Un *statu quo* fut maintenu tant que le Mur fut debout. Ce n'est qu'après sa destruction en 1990 que le patriotisme fut réhabilité, y compris au plus haut niveau de l'État. Deux paroles présidentielles en témoignent. Roman Herzog en 1994 évoqua un « patriotisme décontracté », et Johannes Rau, son successeur, put affirmer qu'« un patriote est une personne qui aime sa patrie, tandis qu'un nationaliste est celui qui méprise celle des autres ». Ces deux présidents ont stimulé, accompagné et réussi à s'affranchir des obstacles au retour d'une fierté allemande.

Le patriotisme allemand se manifesta de nouveau bruyamment en 2006 avec le nouveau triomphe remporté par la Mannschaft à la Coupe du monde. L'exubérance des vainqueurs dans Berlin est encore inscrite dans toutes les mémoires (y compris dans la mienne). La victoire a transfiguré le peuple allemand. Une excitation colossale, des cris de joie sous des drapeaux allemands largement déployés et agités, un déchaînement de klaxons émis par une noria de voitures enrubannées dans les couleurs fédérales noir, rouge et or, bouleversèrent la quiétude berlinoise.

Cependant le calme revint, aussi profond qu'il était avant cette glorification inattendue de la nation allemande. Quelques lambeaux de drapeaux restèrent accrochés ici et là, aux façades et aux fenêtres, rappelant la fierté d'une liesse nationale et victorieuse.

L'acceptation du poids de l'histoire, avec sa diversité et ses douleurs, fut une condition essentielle de la normalisation du concept de nation. Plusieurs décisions ont favorisé cette évolution difficile : la volonté affichée de tirer des leçons de la défaite, la repentance pour le drame de l'Holocauste juif, qui tourmente encore la génération qui l'a vécu, et le contentement (malgré quelques réserves) de l'ancienne Allemagne de l'Est d'avoir rejoint la grande nation allemande, malgré son libéralisme.

Néanmoins, les Allemands, même les plus critiques, semblent aujourd'hui satisfaits et attachés à la Loi fondamentale qu'ils se sont donnée en 1945. Cette Constitution est fondée sur un ordre fondamental démocratique et libéral respectant les droits individuels. Elle est à l'origine de ce que le philosophe Jürgen Habermas a dénommé le « patriotisme constitutionnel », un sentiment d'appartenance commune fondé sur la Constitution dont l'esprit est protégé par la Cour de Karlsruhe. Des modifications peuvent donc lui être apportées sans que les droits individuels soient menacés.

Les nouveaux patriotes attachés à cette juridiction rédemptrice sont légion. Elle leur paraît si normale qu'ils n'en parlent pas, comme si le silence était le signe de bonne santé qu'évoquent certains philosophes des sciences. C'est aussi le cas de l'assistance de la fondation Genshagen, cultivée et intéressée, qui admet que la meilleure preuve d'un certain retour du nationalisme allemand est fournie par le toilettage que le gouvernement a donné à l'hymne national. Cet hymne, composé par Hoffmann von Fallersleben sur une mélodie de Joseph Haydn, contenait des strophes rendant gloire à une Allemagne dominatrice et conquérante, en partie inspirées par le gouvernement hitlérien. On ne chante plus aujourd'hui que le troisième couplet. En 1945, le gouvernement fédéral démocratique décida de ne conserver que la strophe qui évoque « Unité, droit et liberté pour l'Allemagne », et d'interdire toute autre interprétation.

CHAPITRE 15

L'Allemagne écartelée : le mythe faustien

« L'Allemagne serait angoissée », à en croire de nombreux commentateurs, et les titres réguliers de certains magazines hebdomadaires, tel *Der Spiegel.* Il est vrai que la population allemande a vécu un XXe siècle particulièrement traumatisant. Cependant l'angoisse, symptôme universel, ne peut traduire une spécificité nationale ; elle attire aussi l'attention sur une certaine sensibilité que la bonne éducation ne devrait pas révéler, plus compliquée que les oracles publics ne le disent à moins de se montrer indiscrets.

On doit bien admettre que les violences exceptionnelles de l'histoire ne se sont guère arrêtées en Allemagne depuis la guerre de Trente Ans jusqu'à la Seconde Guerre mondiale. Leurs drames furent des moteurs d'angoisse puissants, d'autant plus perceptibles qu'ils firent suite massivement à une ambiance incertaine, moins brutale, couvant depuis l'Antiquité sans laisser grande place pour la paix.

L'interrogation sur la cause et la nature de l'aspiration à constituer une nation capable d'exister et de croître fut obsédante et légitime. Comment devenir une nation ? *Wie wir eine Nation wurden ?* La réponse à cette question pouvait apparaître comme la voie d'un bonheur possible. La provisoire paix des âmes trouvée dans la construction nationale du XIXe siècle ne résista pas aux drames ahurissants du XXe siècle et du nazisme monstrueux. Une angoisse colossale a rampé dans l'esprit allemand derrière l'acceptation de la croix gammée, puis avec la découverte des camps d'extermination. Mais est-ce dire pour autant que celle-ci fut spécifiquement allemande ? L'angoisse constitue un avertissement salutaire qui permet de rectifier des pensées et des situations délétères, dangereuses à toute survie, indépendamment de leur nature. La France contemporaine, anxieuse de son déclin et de son avenir, de la compétition internationale et de ses difficultés sociales, est un paradigme de soumission aux sédatifs, tranquillisants et autres antidépresseurs. Elle n'a pas grand-chose à envier à l'angoisse allemande mais elle déploie davantage de symptômes ; elle est donc mieux extériorisée, heureusement pour des motifs moins sidérants.

*

L'Allemagne médiévale a beaucoup compté sur le docteur Faust pour soulager ses angoisses. L'espoir et les déceptions de ce recours ont généré un art polymorphe et fragile. Au XXIe siècle, l'Allemagne sait qu'il lui faut trouver d'autres thérapeutiques à ses inquiétudes, mais elle communique toujours avec ce personnage qui a pu calmer son âme, au moins en partie, et lui apporter quelque espérance.

Il semble que Faust naquit en 1489 à Knittlingen dans le Würtemberg ; il y exerça une médecine mêlant alchimie et théologie à la manière de l'humaniste Theophrastus Bombast von Hohenheim (connu sous le nom de Paracelse), de Heinrich Cornelius Agrippa von Nettesheim et d'autres individus exerçant le même genre d'activité ; au XVe siècle, on hésitait à les définir, savants, médecins, humanistes, scolastiques ou escrocs. Mais le plus célèbre d'entre eux, notre docteur Johann Faustus, exerça la profession de maître d'école en 1507 à Kreuznach, puis à Bamberg en 1520, à Nuremberg en 1532 et enfin à Wurtzbourg. Il serait mort en 1540 à Staufen dans le Breisgau.

Cet homme se disait capable d'offrir le bonheur à tous ceux qui en avaient besoin. Il avait fière allure, accompagné d'un oiseau ou d'un cheval, qui surprenaient la noble compagnie des humanistes ayant pour habitude de se réunir à Bâle autour de Paracelse et d'Heinrich Cornelius Agrippa von Nettesheim ; le Diable aurait vécu dans l'esprit des animaux qui le suivaient. Faust savait composer les horoscopes de dirigeants politiques qui en étaient friands parce qu'il leur prédisait des événements heureux.

Faust était en réalité un magicien ambitieux, avide de connaissance et de pouvoir universels. Le Diable lui offrit ce pouvoir à condition que le bon docteur Faust lui vende son âme. Faust, ayant accepté, est devenu tout-puissant, « égalant Dieu », capable de braver le destin. Il y est parvenu en aliénant le meilleur de lui-même au Diable, ce qui revenait à perdre toute bienséance et toute éthique. Il est devenu capable de mettre un terme à toutes les insatisfactions, à illuminer les côtés noirs de la vie et la face sombre du monde. Faust avait reçu le pouvoir extraordinaire de déceler la double nature qui compose l'homme et de parvenir à unir en lui-même le Ciel et la Terre, répondant au vœu chéri du peuple allemand. Ce dernier a imploré plusieurs fois l'intervention de Faust pour le tirer de circonstances difficiles sans se douter des effets dramatiques d'une telle demande.

Le mythe faustien a passionné le jeune Goethe, embarrassé par les défauts de son âge, impatience, exaspération, insatisfaction qui l'éloignaient du modèle dont il rêvait. Il a eu l'audace de penser que Faust lui portait malheur mais qu'il pouvait aussi le sauver. Magie noire et enchantement. Ce dualisme l'a intrigué par sa ressemblance avec l'extravagance de la vie et ses luttes intérieures personnelles. Sa première écriture, longtemps enfouie et cachée parmi d'autres documents, a profité en vieillissant, tel un bon cru, des expériences variées d'une longue vie, exceptionnellement riche et laborieuse. Il est devenu un texte d'inspiration shakespearienne, un poème national, « un fil conducteur pour relier les points saillants de la religion et de l'histoire », ainsi qu'il l'a lui-même reconnu, et une profonde hésitation sur l'ambiguïté du cœur humain capable à la fois de perversion et de la grâce méritée par des efforts loyaux et une bonne action, que Goethe pensait avoir préparés pour son propre salut : « Celui qui toujours a pris de la peine et fait effort / Celui-là nous pouvons le sauver. »

Mais Goethe a eu conscience du temps qui fut nécessaire à sa bonification. Son *Faust* est une analyse, longue, violente et documentée des embûches sublimes et regrettables que Méphisto a placées sur son chemin, tout en lui interdisant de faire un pacte avec lui, Goethe ayant compris qu'« il n'est pas un maudit, qu'il n'a rien d'un esprit subversif », que ses faiblesses trahissent une faiblesse constitutionnelle, une *Sehnsucht*, cet élan impétueux mais irréaliste et ayant peu de chance d'atteindre son but. Le *Faust* de Goethe est une interrogation triste, un désespoir sans solution, et une immense leçon de modestie, même si elle prétend servir sa grandeur. Son admiration pour les femmes fut polluée par le Diable qui les mit trop rapidement dans son lit, les a nourries de faux serments, et gâchées avec des compliments, des « joues de lumière » de « lèvres roses », des allures de « reine rayonnante ». Goethe a eu l'ambition de se jeter dans « le tourbillon du temps » et le « torrent du devenir » mais n'a pas fait grand-chose pour donner une réalité poétique à la vie d'homme d'action qu'il appelait de tout son souffle.

Goethe en effet, lorsqu'il atteignit l'âge mûr, fut un partisan exalté de l'ordre allemand au point de déclarer ouvertement aimer mieux commettre une injustice que de souffrir du désordre. La réflexion née avec l'écriture de *Faust* lui a permis de se considérer comme un homme juste et bon, attribuant ses erreurs à une simple approximation de sa raison : « L'homme erre tant qu'il s'efforce et cherche. » Goethe fut animé par plus de romantisme que de réalisme et de rationalisme. Sa tragédie fut prémonitoire, en quelque sorte annonciatrice des erreurs tragiques que l'Allemagne moderne allait commettre. La subtilité d'une association de poésie et de bonté lui a échappé. La grandeur mêlée de bonté à laquelle il a prétendu fut recherchée par d'éminents successeurs. Pendant un siècle, la modestie et la rigueur de la pensée furent négligées au profit de l'exaltation des sens et de la recherche de gloire. On peut supposer que cette humiliation fut aussi l'œuvre d'un Faust et de Méphistophélès.

Thomas Mann s'est précipité sur le *Faust* de Goethe un siècle et demi plus tard, lorsqu'il devait commencer à réaliser l'épaisseur des noirceurs de l'âme allemande*. Il s'était enfin rendu compte de la barbarie exercée par la Wehrmacht sur la cathédrale de Reims en 1914 et de la perversion infinie du nazisme. Goethe lui a semblé un juge adéquat pour déchiffrer « la grandeur mêlée de bonté qui saurait ce qui manque à l'homme et qui, au lieu de lui offrir de malveillants sophismes, prendrait joie à le conseiller sincèrement dans ses besoins ». Thomas Mann ne s'est pas satisfait d'une réflexion sur le Faust de Goethe. Il a produit son propre *Faust* dans lequel celui-ci conquiert l'âme du musicien Adrian Leverkühn. L'aspect démoniaque de la Création, la familiarité avec la souffrance et le mal, l'ironie desséchante rappellent la parole de Nietzsche dont Mann s'est clairement inspiré. La carrière douloureuse de Leverkühn rappelle aussi les malheurs de l'Allemagne tout entière. Leverkühn s'est mis à aimer la barbarie et l'abstraction, évidemment influencé par Faust ; il rejette les sentiments et s'est trompé de logique. Cette crise de l'esprit représente en quelque sorte l'inverse de celle défendue par Goethe. Trop de bonté et un manque de rationalité chez Goethe, pas assez de bonté et une déviation de la raison chez Mann. La recherche de grandeur de l'Allemagne a supprimé l'équilibre vital de la raison et de la passion. Le nazisme apparaît comme un nouveau déchaînement de Faust. Thomas Mann est bouleversé de ne pas l'avoir compris lors de l'affaire de Louvain et de Reims. Une intense *Sehnsucht*, une aspiration à une vérité impossible à comprendre, s'est emparée de lui, activée par son fils Klaus.

Faust n'a pas été évoqué officiellement par l'Allemagne nazie. Le peuple allemand a pourtant vécu le nazisme comme un drame faustien. Depuis, l'Allemagne est entrée dans une phase réaliste et pragmatique qu'elle n'a plus voulu quitter. L'Allemagne n'est parvenue à satisfaire son réalisme qu'en réparant ses ruines, en retrouvant le chemin d'institutions politiques humanistes, et en assurant le plus grand soutien possible à ses survivants juifs.

* Thomas Mann, « Sur le *Faust* de Goethe », *in Noblesse d'esprit*, Albin Michel, 1960, p. 83.

TROISIÈME PARTIE

La grâce d'un peuple

CHAPITRE 16

Lumières allemandes

Les grandes étapes de la culture allemande sont bien dessinées. Elles ont assez nettement imprégné le développement intellectuel du pays.

L'Aufklärung apparaît comme une somme de pensées parfaitement individualisées qui élevèrent la connaissance humaine à un niveau jamais encore atteint, en y associant une puissante réflexion philosophique sur les conséquences de ce nouveau savoir sur la vie de l'homme. Leibniz, Kant surtout, le grand souverain prussien Frédéric II furent à divers titres ses principaux auteurs. Leur action reste à tout jamais gravée dans la mémoire des savants.

En France, à la même époque, une myriade de personnages, issus du milieu de la science et de la philosophie, se regroupa autour d'un projet, la rédaction d'une *Encyclopédie*, une sorte de dictionnaire rationnel des sciences, des arts et des métiers, dirigée par Diderot et d'Alembert. L'ambition française fut à la mesure du nombre des collaborateurs, le grand Voltaire et de magnifiques techniciens, Buffon, Daubenton, Lavoisier, Réaumur, Maupertuis, Franklin, Nollet, Bordeu, Commerson, La Condamine, Jussieu, Condorcet, Laplace, Monge, Gay-Lussac, Geoffroy Saint-Hilaire, Mme du Châtelet, Clairaut, le baron d'Holbach et quelques autres encore. La diversité de leurs intérêts, par leur complémentarité, fut un avantage mais dilua leur pensée plus qu'en Allemagne. Surtout, elle entretint l'idéal révolutionnaire qui soufflait sur le pays, politisant en quelque sorte la science, alors qu'en Allemagne, l'Aufklärung resta indépendante de tout mouvement politique.

Emmanuel Kant, grand directeur de la pensée allemande

Emmanuel Kant, professeur de philosophie à l'Université de Königsberg, formula en 1784 les bases rationnelles de l'immensité de la puissance cognitive humaine : la pensée humaine est activable par une raison toujours susceptible d'être enrichie, tout en conservant son originalité et son libre arbitre ; il lui suffit d'oser : « Ose penser ! *Sapere aude !* Ose savoir [...]. Aie le courage de te servir de ton propre entendement, de ta raison* ! » Cette audace permet à chaque homme de comprendre les phénomènes naturels tout en se délivrant des contraintes exercées par les préjugés, les conventions religieuses et le pouvoir politique.

La pensée de Kant constitua la clé de voûte de la pensée allemande, guidant à la fois ses conséquences philosophiques et les avancées scientifiques. Elle doit être rappelée à l'orée d'une réflexion sur la formation de l'esprit allemand. Sa vitalité persiste aujourd'hui et il n'est pas excessif de dire qu'elle sert toujours de prémisse au progrès intellectuel allemand. Kant a naturellement été négligé par le dogme nazi. Mais sa clairvoyance demeure toujours un modèle pour tous ceux qui cherchent à entreprendre une action originale ; sa pensée n'a d'ailleurs guère quitté la discussion sur les projets de Genshagen. La seule limite de la science humaine, universellement respectée, est d'ordre éthique.

Königsberg, malgré son éloignement poméranien et oriental du corps prussien, s'avéra un véritable site d'envol de la pensée

* Emmanuel Kant, *Qu'est-ce que les Lumières ?*, Flammarion, 2006.

allemande. La capitale de la Prusse-Orientale, séparée géographiquement par une terre slave, fut étroitement associée à la vie prussienne. Le roi de Prusse s'y rendit souvent ; sa société, très active, compta des personnalités distinguées, ayant hérité de la volonté, de la foi et de la probité des chevaliers Teutoniques qui s'y installèrent au XIIIe siècle ; son université fut réputée pour sa qualité. Kant y fit ses études après son éducation dans le piétiste Collegium Fredericianum. Il y donna ses premières leçons en 1755 et renforça son intérêt pour toutes les questions philosophiques qu'il enseigna jusqu'à la fin du siècle. Il ne quitta pas Königsberg, tout en étant instruit des détails de l'actualité prussienne et des grandes préoccupations de son époque, par de fréquents contacts berlinois. Sa réputation fut vite affirmée, jusqu'à le faire considérer comme le philosophe le plus complet de tous les temps*. La reconnaissance de la supériorité de sa pensée perdure au point que Jean-François Revel put affirmer que la philosophie qui succéda à la pensée kantienne n'avait plus rien à dire**.

Königsberg est devenu Kaliningrad à la suite des vicissitudes politiques de la Seconde Guerre mondiale. Le rideau soviétique l'a artificiellement considérée comme terre russe. On hésite de nos jours à s'y rendre. Mais la fidélité triomphe occasionnellement de la douane de fer. Un cercle d'admirateurs de Kant s'est formé, qui accepta de me compter dans le petit groupe d'universitaires amis autorisés à honorer la mémoire du maître. Ma passion de l'histoire des Lumières m'a donc conduit dans une Kaliningrad qui n'a pas su panser complètement les séquelles de la guerre, réparer les destructions urbaines, et redonner le charme d'une cité proche de la mer dont elle se protège par une longue digue sableuse qui emprisonne ses eaux en un immense lac et génère quelques bras traversant Königsberg sans qu'on sache si leur eau est douce ou salée.

---

* Voir Monique Castillo et Gérard Leroy, *L'Europe de Kant*, Privat, 2001.

** Jean-François Revel, *Histoire de la philosophie occidentale*, NiL, 1994.

Les habitants souffrent d'avoir comme horizon l'emphase architecturale des mégapoles soviétiques et leur monotonie.

Le seul endroit respecté dans cette ville qui a perdu sa première âme est la cathédrale, une vaste bâtisse miraculeusement rescapée d'une guerre sans merci, construite sur un îlot recouvert d'un gazon entretenu, impressionnante par l'immense toiture ardoisée d'un seul tenant qui déborde des murs sans vitraux et dont la porte s'entrouvre rarement. La tombe de Kant est un lourd cercueil de granit gris sombre, ne portant comme signe distinctif que son nom gravé dans la pierre, évoquant la solidité et la sobriété de son œuvre et l'inutilité de toute autre référence devant la marche inéluctable de la nature qui n'accorde pas plus d'une vie à chaque homme. Mais le souvenir du grand philosophe des Lumières est entretenu par sa présence en plein cœur de Königsberg, accessible à tout visiteur et protégé par le débord du toit de l'église. Cette ville paraît vénérer sa domination spirituelle passée, et réaliser un univers capable de résister aux tentatives de rapt par des régimes politiques ne respectant ni démocratie ni humanisme.

Gottfried Leibniz, penseur universel

Le scientifique allemand Gottfried Leibniz inaugura la double intelligence que peuvent avoir les grands scientifiques, concourant à la création scientifique et sachant la diffuser.

Les Lumières furent stimulées par son séjour à l'Académie des sciences de Paris, où il souhaitait développer sa passion pour les mathématiques et persévérer dans sa recherche de l'organisation du monde. Il s'affirma dans les deux voies, ce qui lui permit, ensuite, en homme de l'Aufklärung, de promouvoir l'effort scientifique en Allemagne.

Une grande peur s'était emparée des hommes au XVIIe siècle lorsque l'Italien Galilée montra que la Terre tourne autour du

Soleil, et non l'inverse comme Aristote l'avait pensé. Le Britannique William Harvey, en prouvant que le sang circule sous l'action des mouvements du cœur, acheva de déstabiliser les croyances acceptées depuis l'Antiquité grecque. La représentation du monde n'était plus accessible, même aux grands esprits, et l'homme perdait la place centrale qu'il avait occupée jusque-là dans l'Univers.

Les souverains européens crurent alors judicieux de stimuler ceux qui recherchaient une nouvelle cohérence dans le monde. Ils s'adressèrent aux mathématiciens, les plus aptes, semblait-il, à percer les mystères du cosmos. En France, l'Académie des sciences, instituée par Colbert en 1666 pour « la gloire de Sa Majesté », est protégée par Louis XIV. En Angleterre, la Royal Society de Londres est née six ans plus tôt. L'Italie les a devancées avec l'Accademia dei Lincei et l'Accademia del Cimento. Ces diverses institutions encouragent le travail des savants, facilitent leurs rencontres et diffusent leurs découvertes. Elles forment la trame d'une science européenne.

Le Saint-Empire, malgré sa position centrale en Europe, a peu participé à cet engouement scientifique initial. Deux grands événements expliquent son absence. Pendant la première moitié du XVIIe siècle, l'Allemagne souffre de la déflagration provoquée par la Réforme qui provoque pendant trente ans une guerre dramatique ; l'Allemagne, d'autre part, est agressée par des Turcs selon une habitude récurrente et par la Ligue rhénane mise en place par le ministre français Mazarin pour accroître la puissance des princes électeurs aux dépens de celle de l'empereur. À la question religieuse se mêle l'antagonisme des Bourbons et des Habsbourg, l'ambition de quelques États fédérés et leur inégalité culturelle, qui limitent ensemble l'essor culturel allemand pendant que les autres pays occidentaux s'ouvrent aux premières Lumières.

Le mathématicien Gottfried Wilhelm Leibniz, conseiller à la cour de l'Électeur de Mayence dans les années 1670, a tôt pris conscience du retard de l'Allemagne. Ses paroles sont explicites : « Qu'on la compare avec la France dont les forces sont bien unies, qui tire de son sol l'or en abondance, et qui sous l'impulsion d'un roi intelligent et de grands ministres [...] reçoit bon an, mal an, plus de numéraires qu'elle n'en dépense ».

Leibniz, « trésor inépuisable de toutes les belles sciences dont un esprit solide jamais a été capable », tel qu'on le qualifie à Mayence*, est chargé en 1672 d'une mission auprès du roi de France Louis XIV, visant à connaître ses intentions en Hollande qu'il semblait prêt à envahir. Les difficultés de cette diplomatie révèlent la méfiance, pour ne pas parler de l'antipathie, séparant les Bourbons et les Habsbourg. Les Allemands admirent pourtant les réussites françaises, l'imposante Bibliothèque du roi, l'Académie parisienne, la précision des desseins de Colbert et la vivacité d'esprit des citoyens. Une tension persiste néanmoins entre la France et les Pays-Bas, le *Stathouder* Guillaume d'Orange ayant avancé ses troupes jusqu'à Charleroi.

Leibniz est attiré par les sciences accessibles à la raison, plus que par la politique, trop imprévisible, sur laquelle un savant n'a guère de prise. Il fit état de l'impossibilité de progresser sur le terrain diplomatique, abrégea son premier contact parisien et se rendit à Londres pour rencontrer à la Royal Society l'éminent savant Isaac Newton, le plus grand mathématicien de l'époque. Leibniz espère l'intéresser à la machine à calculer qu'il a conçue, et dont le calcul différentiel améliore encore la vitesse du modèle proposé quelques années plus tôt à Paris par Blaise Pascal.

La machine de Leibniz a suivi le sort que l'Académie britannique réserve alors souvent à ce qui vient de l'étranger, même lorsque la proposition émane d'un homme respecté. L'éminent académicien Robert Hooke émit avec une morgue habituelle de sérieuses réserves sur la validité du calcul. La déception et l'humiliation de Leibniz furent considérables ; il était certain de la correction du calcul différentiel qu'il avait utilisé.

---

* Cité par Yvon Bellaval, *Leibniz*, Vrin, 1993.

Depuis sa jeunesse, Leibniz assimile les nombres à des clés permettant d'accéder à l'intimité de la matière et de traduire sa forme physique en systèmes compréhensibles. En accédant à ces mystères, les nombres ouvrent les portes de la métaphysique. Leur perfection conduit nécessairement vers Dieu. Ces instruments se combinent dans sa main, comme il l'explique dans *De Arte combinatoria*, pour faire naître des objets et des rêves. Les nombres animent nos songes et donnent au mathématicien les élans poétiques d'une « écriture ou caractéristique universelle, combinant les lettres, les mots, des rythmes métriques, des couleurs, des sons, des invités autour d'une table, des parentés, des biens qui entrent dans le Bien suprême ». Newton, étonné par ce discours, accorda un nouvel examen à la machine française. L'enthousiasme du grand chimiste Robert Boyle fit oublier les critiques. Leibniz fut même reconnu *Fellow* de la Royal Society. Cependant Newton n'accepta pas le génie de Leibniz. Il l'accusa d'avoir utilisé sa propre manière de concevoir le calcul différentiel sans y faire référence. Une querelle durable concernant leurs préséances respectives dans le calcul différentiel sépara désormais les deux savants.

Leibniz fut plus heureux à Paris où les rapports humains furent d'emblée plus confiants. Sa réserve à l'endroit de la France s'évanouit au contact des vingt et un savants de l'Académie des sciences de Paris et de la Bibliothèque du roi. Il découvrit grâce à eux les progrès de la géométrie, des calculs de probabilité, de l'hydraulique, de la capillarité et de la tension superficielle. Gallois, directeur du *Journal des savants*, l'informait des derniers progrès de la science et Carcavi, président des séances de l'Académie et conseiller de Colbert, communiquait les derniers titres de la Bibliothèque royale. Mais surtout, Leibniz retrouva Christian Huygens, qu'il avait connu à Leyde et qui, bénéficiant d'une pension offerte par Louis XIV, aida à la constitution de l'Académie. Les deux hommes devinrent amis : Leibniz profita du génie mathématique de Huygens.

Leibniz fut émerveillé de partager la vie d'une communauté aussi nombreuse et active. Il se comporta comme un véritable Européen. La philosophie n'y était pas en reste avec Arnauld qui n'hésitait pas à critiquer Malebranche et Descartes. Leibniz se rapprocha volontiers des adversaires de Descartes, ce philosophe qui limite la puissance de Dieu, un comportement intolérable à une conscience luthérienne, quand bien même elle respecterait quelques « chemins de traverse ».

Mais c'est la compagnie de Christian Huygens qui l'attira le plus et le retint plus de trois ans à Paris. Cet homme, remarquable mathématicien, constructeur d'horloges, astronome et physicien, était un adversaire irréductible de Descartes. Il compléta la formation mathématique de Leibniz qui lui témoigna une reconnaissance soutenue.

Leibniz découvrit le calcul infinitésimal qui préoccupait les esprits depuis que Pascal en avait détaillé l'essence dans ses *Méditations sur l'infini* et sa *Géométrie des coniques*. Kepler l'utilisa pour appliquer la loi de continuité. Cavalieri l'ébaucha par la méthode dite des invisibles, Roberval le considéra nécessaire au calcul de la vitesse d'un point mobile sur une courbe. Descartes l'envisagea en traitant des tangentes. Newton précisa les fondements de ce calcul si sollicité, mais Leibniz fut plus rapide que lui pour trouver l'algorithme facilitant son maniement. Deux mathématiciens, l'Allemand Leibniz et l'Anglais Newton, l'ont découvert simultanément, mais indépendamment l'un de l'autre. Huygens a probablement aidé Leibniz à le concevoir mais n'a pas participé à sa découverte proprement dite.

Leibniz regagna l'Allemagne en 1676 pour devenir bibliothécaire et conseiller du duc de Hanovre. Sa réputation, grandie par ses séjours et ses rencontres en France et en Angleterre, l'écriture de livres scientifiques et d'ouvrages philosophiques, fut d'emblée considérable. Sophie-Charlotte de Brunswick-Lünebourg, sœur de Georges-Louis, Électeur de Hanovre devenu roi de Grande-Bretagne sous le nom de George Ier, fut passionnée par la lecture de ce savant. Cette femme, curieuse de science, des arts et de philosophie, n'avait en réalité d'autre intérêt que la gloire de son époux

Frédéric, qui ambitionnait de devenir roi en Prusse. Leibniz lui fit part dans une correspondance assidue de la nécessité de fonder dans Berlin, devenue capitale royale, une académie ayant le prestige des illustres compagnies de Paris et de Londres.

Celle-ci ouvrit ses portes en 1700, avec des sections de physique, de chimie, de littérature, d'histoire et de langue allemande. Elle fut chargée, suivant l'exemple de l'Académie française, de rédiger un dictionnaire puis d'harmoniser les calendriers catholique et protestant. Un observatoire fut édifié au-dessus du portail des anciennes écuries royales qui lui avaient été affectées sur l'avenue Unter den Linden. Leibniz en fut le premier président. « C'est ici, selon Michel Serres, que Leibniz a commencé de construire le monde dans lequel nous vivons*. » C'est aussi ici que Leibniz a édicté les principes fondamentaux de la recherche scientifique : « L'acquisition de la science rend un État plus puissant que ne le font les conquêtes par les armes ; un État fort doit donc encourager le progrès scientifique ; la science est universelle et un État fort doit pouvoir y accéder tout en sachant que d'autres peuples la partagent. »

Pour Leibniz, la science peut parvenir à un savoir absolu et universel. Il en est de la médecine comme des autres disciplines, ce qu'il exprime dans ses *Écrits philosophiques* : « C'est faute d'assistance que la médecine est encore si imparfaite, qu'on doit s'en prendre plutôt aux princes et aux puissants, que non pas aux médecins. » Tout perfectionnement exige une grande quantité d'expériences : « Je suis assuré par exemple que dans un grand hôpital, une seule année pourrait fournir un trésor de nouvelles observations, s'il y avait des gens employés à les remarquer. »

Leibniz prévoit que l'Allemagne va reprendre son rang. Son développement intellectuel, devenu affaire politique, réclame l'union nationale assurant la paix intérieure nécessaire à la réflexion et au développement des connaissances. La langue allemande ne peut

---

* Michel Serres, *Le Système de Leibniz et ses modèles mathématiques*, PUF, 2007.

être délaissée au profit de la langue française malgré « l'emprise de la magie qui émane du voisin occidental ». Leibniz s'est lancé sans frein dans la renaissance de l'esprit allemand, avec un enthousiasme concernant tous les domaines de la vie publique, un franc respect pour le Saint-Empire, une ardeur pour la paix religieuse et la réconciliation entre protestants et catholiques, et un respect de « l'Harmonie préétablie » par Dieu qui « fait aller les choses leur train réglé, d'une manière naturelle ». La science vise à comprendre l'œuvre du Créateur mais ne doit pas chercher à le remplacer. La science est d'abord un voyage vers Dieu.

La pensée philosophique de Leibniz est conditionnée par un Dieu infini dans son être, sa connaissance, sa puissance, et sa liberté. Leibniz lui voue une admiration et une fidélité absolues. Il s'insurge contre ses contemporains, Spinoza qui fait de Dieu une nécessité aveugle, et Descartes dont la méthode semble vouloir renforcer le pouvoir de l'homme. Leibniz se veut un enfant de Dieu qui sait ce qu'il lui doit, l'harmonie universelle, la pensée humaine et donc la science. Celle-ci, les mathématiques au premier chef, ouvrant les portes de tous les savoirs, fut livrée aux hommes pour atteindre en retour l'Être suprême. L'analyse de la nature à laquelle accède la science est l'étape liminaire de la métaphysique et de Dieu. Le calcul infinitésimal, victoire analytique, est un voyage vers Dieu, organisateur du monde, que Leibniz rêve de pouvoir aborder un jour.

Pour cela, il lui faut comprendre « les principes de vie répandus dans toute la nature, et immortels, puisque ce sont des substances indivisibles ou bien des unités, comme les corps sont des multitudes sujettes à périr par la dissolution de leurs parties ». La science vise à définir les lois préétablies qui régissent les âmes et les corps, en sachant que « la nature est une entité, cependant multipliée, semblable mais diversifiée », ainsi qu'il l'explique dans une lettre à la reine Sophie-Charlotte de Prusse datée du 8 mai 1704. « La substance fondatrice issue de la main de Dieu, n'est pas unique mais un univers de substances qui s'accordent et s'entre-expriment. » Leibniz s'avère précurseur de la science moderne. L'approche réductionniste, la perception d'une matière organique, l'interaction de l'inné et de l'acquis furent ses convictions. Il prône une science universelle et académique, au-delà de la bassesse et des intérêts des princes qui veulent régir le monde, élaborée par la conjonction de tous les domaines du savoir.

Cette pensée monumentale, pluridimensionnelle, universaliste, baroque à certains égards, est surprenante. Leibniz apparaît comme l'un des premiers maîtres de la discipline que l'on appelle aujourd'hui « philosophie des sciences ».

Né à Leipzig en 1646 dans une famille instruite et luthérienne, Gottfried Wilhelm Leibniz est mort à Hanovre, en 1716, oublié par la famille de Hanovre et par l'école de Newton, son adversaire, mais admiré par les plus éminents savants européens.

L'Académie de Berlin, pour une science universelle

La science allemande fut stimulée par la contribution magistrale de Leibniz et l'Académie des sciences de Berlin profita de la protection et de l'intérêt de la couronne de Prusse. Frédéric II, le grand roi de Prusse, a contribué au développement scientifique plus que quiconque en son temps. Il s'est montré digne des espérances de Leibniz. Ce souverain a su corriger l'indifférence de la couronne prussienne, remédier au triste état dans lequel son père avait laissé la pensée allemande et rappeler à Berlin « les muses qui avaient déserté son climat ». Le philosophe Christian Wolff participa au repeuplement de l'Académie et à la restauration de ses finances. Cet homme qui trouva son inspiration initiale auprès de Leibniz, n'a pas hésité à maintenir sa croyance en Dieu en décrivant le monde comme une vaste machine dont les rouages, agencés les uns dans les autres, renvoient à une cause première, l'action de Dieu. Frédéric II n'a jamais contrarié ce langage religieux malgré ses doutes personnels et a répété l'estime qu'il vouait à Wolff.

Frédéric II voulut qu'un Français présidât son académie, pour faciliter la reconnaissance et l'acceptation de la langue française, supérieure, selon lui, à toute autre par son élégance et sa précision, donnant d'emblée une impression de haut niveau culturel. Le mathématicien Pierre-Louis Moreau de Maupertuis, illustre par sa mise en évidence d'un aplatissement de la Terre aux pôles, accepta d'en prendre la présidence, en partie pour s'éloigner des sarcasmes suscités par son irruption dans l'astronomie au sein de l'Académie des sciences de Paris. Il avait auparavant refusé de travailler auprès de l'impératrice de Russie Élisabeth Petrovna, fille de Pierre le Grand et de Catherine Ire, trouvant insuffisante la pension qui lui était offerte. « Rien ne se fera que par lui », avait au contraire affirmé Frédéric II en l'installant en 1746 dans la présidence de l'Académie, qu'il occupa jusqu'à sa mort, treize ans plus tard.

La deuxième classe de l'Académie, celle des mathématiciens, fut d'emblée remarquable par la présence en son sein de savants éminents, dont le Hollandais Willem Jacob 's Gravesande, sous la présidence du célèbre mathématicien suisse Euler, devenu professeur à Saint-Pétersbourg grâce à la recommandation de son maître Bernouilli. Il était membre de toutes les académies européennes réputées, dans lesquelles il brillait par ses analyses sur l'infiniment petit. L'Académie, avec ses classes de médecine et de philosophie expérimentale, mathématiques, philosophie spéculative et belles-lettres « embrassant un champ supérieur à celui de la plupart des académies », selon l'opinion de son président Maupertuis, est rapidement devenue un site d'excellence de la pensée européenne. Peu importait que la Prusse n'y fût pas majoritaire dans ses membres. Les savants et les philosophes français y furent nombreux, dont Voltaire, Diderot, d'Holbach, Montesquieu et Jean Le Rond d'Alembert, qui fut consulté autant par le roi que par Maupertuis qui estimait que son *Traité de dynamique* était de la même importance que l'œuvre de Newton.

En quelques années seulement, la science allemande sut s'affirmer dans la compétition internationale. L'Allemagne allait désormais compter dans les nouveaux développements de la pensée européenne.

L'esprit de l'Aufklärung

Le déroulement de l'Aufklärung, équivalent allemand des Lumières françaises, fut naturellement influencé par le contexte historique auquel il faut ajouter des influences locales et sociétales acquises, dépendant de la religion, des comportements civiques et des habitudes.

L'ambiance politique n'était pas la même en Prusse et en France. Une certaine tolérance régnait en Prusse, permise par une prise de conscience humaniste et luthérienne. Les Lumières ont habitué les esprits à l'idée de la destitution du roi, alors que l'Aufklärung n'a jamais évoqué en tant que telle la moindre violence à l'encontre du régime politique de l'Allemagne et de sa structure hiérarchique. Le protestantisme, déjà agissant, n'aimait pas les décisions issues de la violence. Celle-ci s'est concentrée en France, alors que l'Allemagne a suivi l'un des principes même de l'Aufklärung, le respect des hommes impliqués dans l'action. Les Bourbons ont utilisé tous leurs pouvoirs pour éviter leur déstabilisation et se maintenir en place, alors que les Hohenzollern ne se sont pas sentis menacés par le développement des idées nouvelles.

Il est possible d'y voir à nouveau le résultat de la Réforme. C'est en effet à Luther que l'on doit le développement de la responsabilité personnelle, la cohésion du peuple, la volonté de ne pas contredire la puissance divine représentée par le pouvoir civil, et la quête d'un comportement généralisable.

L'ambiance du Saint-Empire romain germanique, silencieuse et appliquée, comme le souhaitait Luther, a permis la formulation de la révolution spirituelle qui assura l'éclosion du progrès. Kant s'est appliqué sans bruit, modestement, loin de toute agitation politique, à appréhender la philosophie soulevée par les Lumières. Le style français leur a donné une connotation souvent exaltée, parfois ambitieuse dans leurs objectifs politiques.

L'esprit scientifique repose sur la raison. C'est dire, selon Kant, qu'il représente « une sortie de l'homme hors de l'état de tutelle dont il est lui-même responsable. L'état de tutelle étant représenté par l'incapacité à se servir de son entendement sans la conduite d'un autre ». « Penser par soi-même », « s'orienter dans la pensée » (Kant), « assainir la raison » (Mendelssohn), autant de préceptes qui émancipent la raison des croyances historiques, des préjugés, des guides en tout genre. La pensée se juge elle-même en fonction des lois qu'elle se donne. Kant rejoint ici Rousseau dans sa *Critique de la raison pure* (1781) : la loi est universelle, on lui obéit librement parce qu'elle est la loi de la raison.

Il ne faut pas confondre soumission à la raison et absence de liberté. Dans sa *Critique de la raison pratique* (1788), Kant précise que la pensée pure ne consiste pas à produire des représentations et à s'assurer qu'elles sont identiques au réel. Penser n'est pas le fait du seul entendement (c'est-à-dire de la compréhension) ; c'est une activité pratique. La pensée scientifique est un exercice de liberté. Elle ne s'arrête pas à la mise en évidence de lois présentes dans la nature, objectivement définissables et donc universelles, reconnaissables par tous les hommes qui les recherchent. Elle vise à comprendre le *comment* de cette organisation et de son intervention dans la compréhension de la vie. Une première liberté du scientifique consiste donc à choisir la loi de son étude, une deuxième à s'orienter vers la loi semblant la plus apte à expliquer les phénomènes choisis. « Penser ne consiste pas à trouver mais à reconnaître par soi-même des vérités puis à les fonder en se risquant dans l'inconnu et l'inconnaissable. » La liberté du chercheur l'autorise à tracer son propre chemin, à dessiner son espace de travail. C'est-à-dire l'horizon de sa pensée et les moyens envisagés pour parvenir au terme de l'interrogation.

Les Lumières françaises ont impressionné la pensée allemande qui a cherché à se les approprier, en même temps que le processus révolutionnaire français laissait entrevoir « la création d'un nouveau monde », ainsi que le ressentit Goethe. Trois écrivains, et non des moindres, Friedrich Gottlieb Klopstock, Friedrich von Schiller et Christian Friedrich Schubart ont prôné la fin de l'absolutisme. Johann Wolfgang von Goethe s'est enflammé pour la prise de la Bastille dans les *Chants d'Hermann et de Dorothée*. Georg Wilhelm Friedrich Hegel et dans une certaine mesure Friedrich von Schelling ont admiré l'esprit républicain français, faisant de la liberté une valeur universelle. Johann Gottlieb Fichte, admirateur du jacobinisme, s'est félicité du succès des armées républicaines françaises, tout en laissant poindre ses premiers élans nationalistes. Le jeune Ludwig Tieck, futur chef de file du romantisme berlinois, a voué une admiration sans limites à la France, bénie entre les nations. Johann Gottfried Herder a choisi Strasbourg pour transmettre les Lumières au peuple paysan. Le compositeur Johann Friedrich Reichardt, le naturaliste Georg Forster, les deux frères Humboldt, Merck et Halem sont venus à Paris pour chanter la prise de la Bastille.

L'admiration pour la Révolution française a suscité un intense enthousiasme romantique, puis s'est doublée d'une réflexion philosophique. Le conseiller d'État Hardenberg, sous le nom de plume de Novalis, a fait de cette époque un « âge d'or » conduisant à la perfection.

L'époque des Lumières et de l'Aufklärung généra des pensées originales et de nouveaux comportements en France et en Allemagne qui, indépendamment de toute politique, ont uni les deux peuples par de nombreux contacts. Après Leibniz, Maupertuis et d'Alembert présidant la venue d'une nouvelle science à l'Académie de Berlin, Alexandre von Humboldt a trouvé au Muséum d'histoire naturelle de Paris les appuis nécessaires pour que son *Cosmos* prenne sa forme finale. Voltaire a persiflé les parvenus sans âme à Sans-Souci, Mirabeau est allé admirer le libéralisme berlinois et Goethe s'est intéressé aux travaux de Cuvier.

Le progrès de la science a profondément modifié le style des savants en exigeant rationalité et précision. L'expérimentation entra dans la pratique de plusieurs disciplines pour confirmer certains résultats de Galilée et de Descartes.

Les scientifiques ne sont plus des êtres travaillant et rêvant dans des ténèbres hermétiquement closes. Ils sont devenus écrivains, philosophes et hommes de lettres. Une maxime honore ce changement : « Le peuple sera heureux quand les rois seront philosophes ou quand les philosophes seront rois. »

La société a pris goût aux descriptions des progrès de la science. L'*Encyclopédie* rayonne dans le monde par un grand nombre d'éditions étrangères et de traductions. L'instruction apparaît à tous comme une source de vertu et de bonheur. Diderot affirme dans un article de l'*Encyclopédie* que « nos neveux, devenant plus instruits, deviennent en même temps plus vertueux et plus heureux ».

La rédaction de l'*Encyclopédie*, qu'elle soit due à Diderot ou à d'Alembert, forme un tout assez homogène, sans doute en raison des nombreuses occasions de rencontres et de discussions entre les éditeurs et leurs auteurs. Chacun de ceux-ci gardant cependant quelques traits de sa spécificité.

« Les Lumières projettent inévitablement des ombres », avertissait Jean Baechler. Elles ont effectivement facilité la diffusion de progrès réels et éclatants, grâce à une rationalisation appliquée à la nature. Mais elles ont levé un rideau sur l'ignorance des conséquences de progrès accomplis, sur leurs ombres angoissantes qui se font désormais jour aussi vite que les avancées de la connaissance. Les scientifiques ont compris aujourd'hui les immenses dangers qui les menacent. Une évaluation éthique doit accompagner, et accompagne désormais leurs découvertes. Les Lumières ont montré la facilitation qu'exerce la coopération des peuples dans le progrès. La France et l'Allemagne se trouvent particulièrement aptes à honorer ce devoir, contrepartie de leur brillante intelligence. Il n'y eut pas meilleure référence que celle des Lumières pour célébrer les 7 et 8 février 2013 le cinquantième anniversaire de la signature du traité de l'Élysée, alliance fondamentale de l'Allemagne et la France.

CHAPITRE 17

Le pays de la « Kultur »

Le XVIIIe siècle a favorisé une structuration de la pensée allemande et la prépara remarquablement à de nouveaux développements. Kant a impressionné tous les hommes instruits de cette époque et aucun de leurs descendants contemporains n'oublie l'analyse du philosophe qui fut tôt enseignée.

Un siècle plus tard la culture, que l'on traduit en allemand par *Kultur* (qui s'oppose à *Bildung*, la « formation »), est un ciment de l'unité et de l'identité nationale allemande. Il semble que Schiller fut le premier à défendre cette conception pour appuyer son idée de la « grandeur allemande » lors de la paix de Lunéville en 1801, qui prépara la dissolution du Saint-Empire en attribuant à la France nombre de territoires et de villes rhénans. Schiller a eu l'idée d'une *Kulturnation*, assimilant une « grandeur morale ne dépendant pas de la politique » au sein même de l'essence de la nation.

Cette proposition redonnait espoir et fierté au peuple allemand, battu par la France révolutionnaire, assurant en quelque sorte le rôle de sève glorieuse et sacrée que mérite une grande nation, d'autant plus, selon Schiller, que « la majesté de l'Allemand n'a jamais reposé sur la tête de ses princes ». Pour Schiller, « la culture allemande a toujours essayé de fonder un royaume hors du monde, intangible, hors d'atteinte des bonds et des fulgurances de l'Histoire ». Il avait sans doute compris la faiblesse et la fragilité extrême des nations, et en particulier de l'Allemagne dans ce monde.

La translation de la culture dans le domaine patrimonial réalisait une opération inédite, spécifique à l'Allemagne, plus aveugle et plus coupée de la réalité que les expériences anglaise et française.

La *Kultur*, dès lors confondue avec l'âme du pays, assure la spécificité géniale de l'esprit allemand, talent littéraire, perspicacité scientifique et réussite dans les arts. Elle flatte le citoyen, le prévenant que l'on ne peut être bon Allemand que si l'on est cultivé ; elle demande au citoyen qui le devient de l'acquérir. Ne serait-ce que par une participation musicale. Les Allemands se sont ainsi comparés à des Grecs modernes, devenus supérieurs aux Romains et aux Français lorsque leur ambition l'a exigé.

L'Allemagne intellectuelle a adhéré massivement à ce processus d'anoblissement de la *Kultur*. Le philosophe Fichte crut en un peuple allemand « divin » par son appétit culturel et ayant le droit de prétendre à l'éternité ; le pédagogue Friedrich Ludwig Jahn fut convaincu de la mission particulière de la Prusse à cet égard, car cette contrée est le guide du peuple allemand sur « le chemin sublime vers l'immortalité historique » ; le théologien Ernst Moritz Arndt affirma que « la religion suprême est préférée aux seigneurs et aux princes ». Les historiens de l'époque bismarckienne ont persévéré, comme en témoigne Leopold von Ranke qui voyait la culture comme un don de Dieu. Friedrich Meinecke insista, dans son livre *Weltbürgertum und Nationalstaat* (*Citoyenneté mondiale et État-nation*), sur la supériorité d'un pays possédant une culture quand la pensée des autres nations occidentales ne concernait que le progrès matériel.

Les kaisers wilhelmiens, surtout Guillaume II, encouragèrent la *Kultur* bourgeoise à aller de pair avec un libéralisme unifié, couplé à un nationalisme autoritaire et hégémonique apte à « guérir le monde », comme l'a cru le poète lübeckois Emanuel Geibel. Ces souverains n'eurent aucune difficulté éthique à associer la culture aux armes tant ils représentaient ensemble l'État allemand.

*

Le mouvement intellectuel allemand ne fut pas seulement un enrichissement, secondaire à l'essor littéraire, artistique et scientifique déclenché par l'Aufklärung. Il fut aussi, et peut-être surtout, largement politique, essentiellement une réaction contre l'emprise de l'empereur Napoléon sur l'Allemagne et l'Europe tout entière. On ne pouvait attaquer sauvagement des esprits si distingués, pensèrent les Prussiens qui eurent vite fait de classer les nations délaissant la culture parmi les barbares. Les intellectuels allemands condamnèrent l'occupation des territoires et le changement des frontières favorable à la France sans toutefois s'en prendre franchement à l'esprit de la Révolution, mais le *pathos* allemand exalta une espérance de délivrance nationale. Elle semblait possible, aucun pays européen, ni l'Angleterre, ni la France ne montrant le même engouement pour les progrès de l'esprit.

Le développement intellectuel a profité de la constance, de la méthode et des efforts de toute la nation allemande. Les fêtes officielles et ouvertement politiques, les revendications nationalistes vis-à-vis de la France, s'appuyèrent souvent sur des manifestations culturelles qui réalisaient un accompagnement encourageant et suscitaient une véritable fierté nationale. Les enseignements artistiques ont progressé en Allemagne sans interruption depuis la défaite française de 1815 jusqu'à la Première Guerre mondiale en se renforçant après la victoire de Sedan en 1871.

L'attitude allemande peut surprendre. L'engouement pour la littérature et les arts fut en effet au même moment remarquable à Paris, Londres et diverses autres capitales occidentales n'ayant pas intégré la culture parmi leurs fondements existentiels. Mais les diverses cultures ne furent pas honorées avec le profond recueillement – je devrais écrire l'engagement moral et patriotique – qui s'empara des éditeurs, des salles de spectacle et d'exposition des grandes villes allemandes. Cela fut particulièrement marqué pour la musique et la peinture.

La musique de Mozart et la peinture de Caspar David Friedrich se sont fait connaître, surprenant par leur perfection et leurs mystères. Mais la compétition fut acharnée : l'aventure du Blaue Reiter ne fut pas inconnue en France, et les impressionnistes parisiens firent vibrer les visiteurs du Bode Museum comme ceux du Louvre et du musée de l'Orangerie. Le poids de l'histoire matérielle l'emporta sur les balbutiements d'échanges culturels.

*

L'Allemagne encensa ses héros et organisa leur réputation culturelle et leur diffusion dans le monde entier. Son prestige intellectuel s'enrichit en même temps année après année. Certaines évolutions personnelles imprimèrent leur marque. Schiller plaida pour une ouverture politique de la littérature par une défense des principes républicains, tentant une véritable synthèse entre nation politique et nation culturelle ; Goethe devint un modèle du talent littéraire national, en éludant son scepticisme vis-à-vis des Allemands et de la politique par une attitude olympienne et une sensibilité romantique opposée à « l'intellectualisme desséchant des Lumières occidentales, heureusement ressourcé aux forces irrationnelles de la vie », tel que le définit Gilbert Merlio.

En 1914, Thomas Mann soutint à son tour le patriotisme culturel de l'Allemagne, allant jusqu'au bout d'une logique violente, affirmant sans pudeur dans *Gedanken im Kriege* (1914) que le militarisme représente et exprime la forme et l'expression de la moralité allemande. Pendant tout le XXe siècle, l'art allemand dut soutenir tous les efforts visant à nier cette affirmation irresponsable. J'ai été frappé pendant mon séjour allemand par la permanence d'une forte incitation culturelle. Le concept d'une patrie culturelle a laissé des traces nonobstant la brutalité de la politique qui a suivi.

Berlin possède un centre culturel de la lecture (le Kulturkaufhaus Dussmann), un solide immeuble à plusieurs étages, situé en plein centre de la ville qui reçoit tous les livres édités en langue allemande, quel que soit l'objet de leur écriture et offre des facilités de lecture à ceux qui ne se pressent pas pour acheter. Je ne connais aucune autre ville disposant d'une telle institution. Les bâtiments de la bibliothèque nationale allemande sont vastes, riches, parfaitement tenus et ordonnés. L'écriture, les éditions sont souvent au centre des conversations du personnel qui s'occupe des académies et des institutions culturelles. Je ne m'y suis jamais senti au contact d'employés ressemblant à de tristes forçats, comme c'est malheureusement fréquent dans quelques pays méditerranéens ; l'éventualité d'une grève leur est parfaitement incongrue.

*

Il ne faut pas confondre nationalité et culture, comme quelques Allemands l'osèrent. Une nationalité ne repose ni sur une apparence physique ni sur un mode de pensée ou un comportement. Elle n'est qu'appartenance, le plus souvent innée, d'une personne à un groupe humain qui est parvenu à s'attribuer un territoire et des habitudes de vie. Une nationalité peut être transmise de manière héréditaire ou choisie en pleine conscience.

Une culture est un produit intellectuel, toujours acquis, exprimé par des idées, des opinions et des comportements qui relèvent du choix d'une population habituellement réunie en une nation ou un groupe humain régional. Une culture est toujours acquise, mais certains éléments culturels peuvent être acquis si tôt au cours de la vie qu'ils peuvent paraître, à tort, héréditaires.

L'acquisition d'une nationalité s'accompagne d'un acte officiel, reconnu par une administration ayant le pouvoir de représenter l'État. L'adoption d'une culture est d'une tout autre nature. Elle traduit dans toutes les langues l'acceptation d'une conduite intellectuelle et physique qui s'accorde majoritairement à celle de la communauté humaine dans laquelle l'impétrant souhaite se fondre.

Il s'agit d'une opération éminemment complexe car une culture est un assemblage polymorphe, jamais une affaire monolithique.

Il faut donc éviter de confondre la culture, telle que la conçoivent la plupart des nations, et la *Kultur* interprétée dans les règles de la société wilhelmienne. La culture britannique recommande d'aimer Turner et Haendel, de s'intéresser à l'œuvre de Shakespeare, d'admirer Newton, de boire du thé et de jouer au golf. La culture française réclame une immense admiration pour sa langue et ses lettres, sa peinture, Curie, Pasteur et la gastronomie. Mais ces conceptions ne contraignent ni les spectateurs du théâtre de Stratford-upon-Avon à devenir sujets britanniques, ni les admirateurs de Renoir à adopter la culture française.

Inversement, la *Kultur* exerce une attraction coercitive, nécessairement étatique ou soutenue par l'État, elle est inextricablement une *deutsche Kultur*. La culture française, à l'instar de ce que l'on observe dans nombre de pays, peut être définie comme une accumulation de connaissances générales et spécialisées qui facilitent son travail et son intégration dans la société qui l'entoure. L'énumération des gagnants des compétitions internationales de ski alpin ou des combinés nordiques depuis vingt ans peut susciter de l'admiration ou être utile, mais constitue difficilement un élément culturel, alors que la connaissance précise des étapes qui ont transformé le ski moyen de transport en ski sportif le devient.

La *deutsche Kultur*, qui se réfère à toutes les manières de vivre, nées ou adoptées en Allemagne, peut paraître un processus relativement simple. Elle complique en réalité la signification du mot allemand « *Kultur* ». Quelques ouvrages récents concernant l'« âme allemande » en témoignent : pour leurs auteurs, la culture allemande inclut, avec la musique symphonique et l'amour de la nature, l'amour de l'ordre, la maison du pasteur ou du curé, le pain du soir, le fauteuil de plage, la dîme et les maisons à colombages. Ils mêlent des thèmes, des objets ou des traditions, des abstractions et des phénomènes à la seule condition qu'ils soient allemands*. Mais il faut aussi comprendre la véritable signification de ce que Bismarck a considéré en 1873 comme un *Kulturkampf.* Il s'est agi d'un combat contre le catholicisme dans une Allemagne largement acquise au protestantisme, que le préfixe *Kultur* permet d'assimiler au combat d'une Allemagne peu cultivée (parce que les catholiques étaient moins bien éduqués que les réformés). La traduction que les Anglo-Saxons en donnent est d'ailleurs « *Struggle for civilisation* ».

*

La *Kultur* fut favorisée par une bourgeoisie studieuse, intéressée au développement des connaissances transmises par les Lumières (Aufklärung), ayant prouvé leur valeur et faisant la fierté du peuple allemand qui les a en partie produites et les utilise.

Le silence des armes en 1815 a favorisé les premières entreprises industrielles et quelques nouveaux découpages de territoires visant l'autonomie au sein de l'Europe. La paix a étouffé, au moins en surface, les reliquats d'antagonismes intraeuropéens. Dans tous les pays, des citoyens ont profité de l'éveil des universités pour découvrir la modernité du siècle, raréfier les travaux manuels et les vocations sacerdotales. Les jeunes ont amplifié la création et le travail dans des entreprises et se sont engagés dans le commerce de biens matériels. Ils sont devenus des bourgeois. Leur position sociale, affirmée par leur enrichissement eut besoin d'un activateur que ne possédaient plus les classes dominantes, noblesse, hauts fonctionnaires et personnalités politiques (fonctions réservées aux grands propriétaires terriens et aux grands militaires). L'acquisition de la culture est devenue le meilleur moyen, aidé souvent par un « beau » mariage et une nouvelle fortune, d'accéder à l'honorabilité, de jouir en tout cas de son rang en conservant une activité lucrative. Une nouvelle classe sociale

* Thea Dorn et Richard Wagner, *Die deutsche Seele, op. cit.*

s'individualisa peu à peu au XIXe siècle, que l'Allemagne dénomma des « bourgeois de culture », *Bildungsbürger.* Leur apparition fut plus franche en Allemagne qu'en France et qu'en Angleterre ; les Français furent lents à reconnaître pleinement le pouvoir de l'intelligence, et les Britanniques préférèrent encore profiter du commerce et de son enrichissement.

Le siècle précédent, le XVIIIe, avait permis l'épanouissement culturel d'un art littéraire classique accompagné d'un bond de la connaissance scientifique ; le suivant réalisa la surprise d'une littérature s'ouvrant sur la vie humaine, passant d'un classicisme figé à un romantisme sensible ; le peuple, cependant, ne négligea pas les avancées scientifiques et techniques qui firent entrevoir la possibilité d'unifier l'esprit humain dans une sorte de progrès universel. Le XIXe siècle se termina par une accentuation de ces mouvements qui prirent de plein droit leur place dans l'étourdissante progression de l'intelligence humaine et du savoir. La littérature allemande fut accélérée par l'élan et le talent d'écrivains installés à Weimar.

*

Weimar est une petite ville, mais une capitale de l'esprit qui s'est affirmée il y a un peu plus de deux siècles. Le génial Goethe y a inauguré en 1775 le règne de la littérature allemande, invité par le grand-duc Karl August et sa mère, la duchesse Anna Amalia. Cette femme veuve depuis deux ans, nièce de Frédéric II, protestante, éduquée, claveciniste, amoureuse des livres, avait de nombreux rapports avec les universitaires et les intellectuels de la ville d'Iéna, toute proche ; elle souhaita que Weimar rejoigne cette ambiance distinguée. Son fils, qui l'accompagna dans ses efforts d'ennoblissement intellectuel, avait compris la gloire qui attendait l'auteur de *Werther* et de *Götz von Berlichtigen.* Il ne s'était pas trompé : Schiller, Herder, Wieland et bien d'autres, de Franz Liszt à Gropius, de Nietzsche à Thomas Mann, participèrent à l'une des plus fortes chaînes de l'intelligence et de la sensibilité artistique humaines ; elle ne s'est pas franchement rompue jusqu'à la Seconde Guerre mondiale, en ouvrant toute la province de Thuringe à la musique. L'équipe assistant Goethe, représentant une véritable armée dirigée par son fidèle ami Johann Peter Eckermann, se composait de Johann Christian Schuchardt, Johann Heinrich Meyer, Frédéric Soret, et Friedrich Wilhelm Riemer, tous occupés d'intendance, de rapport avec la technologie ou d'édition. Hegel et Schlegel ont animé Iéna, Herder et Nietzsche ont vécu proches l'un de l'autre à Ilmenau tandis que Brahms et Richard Strauss vivaient à Meinigen.

Le grand-duc, éclairé et peu sensible aux armes, rêveur et appliqué à la gestion de son domaine, en a fait un centre spirituel et culturel, concentrant l'esprit allemand sans laisser beaucoup de place aux autres élans culturels de la terre allemande et d'autres nations.

Weimar fit pâlir Potsdam, et Goethe l'emporta largement sur Voltaire par sa sensibilité littéraire. Weimar, ses princes de l'esprit et sa noblesse ont conféré à la Thuringe, outre la culture, une ambiance de bonheur partagée par tout son peuple.

Le souvenir de Goethe et de Schiller est encore pieusement entretenu dans la ville et tend à s'imposer par un musée, l'impression artisanale de leurs citations les plus connues, de leurs profils sculptés dans l'albâtre de divers bibelots et par des centaines de livres richement reliés des bibliothèques de la grande-duchesse Anna Amalia. Ce passé est devenu obsédant. Mais Weimar garde aussi le charme et la gloire des temps révolus, de la prodigalité de ses souverains, de la paix et des joies de l'esprit.

La rue principale chemine entre palais, cafés et librairies, traverse la place du théâtre entre le Wittumspalais et les statues de Goethe et de Schiller qui ont la même taille, comme si le sculpteur avait craint de représenter le premier plus petit que le second, conformément à une réalité désobligeante.

Anna Amalia a habité le Wittumspalais à la mort de son époux ; sans grand éclat, presque modeste, il est à l'image du reste de la ville. À Weimar les richesses sont intérieures. Goethe et Schiller habitaient non loin de là. Schiller logeait dans une maison modeste qui s'appuie aujourd'hui sur une brasserie servant une bonne bière, d'énormes gâteaux toujours frais, du gibier et des croquettes de pommes de terre, les célèbres *Thüringer Klosse*. La maison de Goethe est une vaste demeure fermant un côté de la place, peinte en jaune, percée d'une vingtaine de fenêtres. Ce fut un cadeau du grand-duc à Goethe pour le remercier de ses conseils sur la sécurité intérieure du duché. Tous les visiteurs convergent aujourd'hui vers ce havre où le poète vécut pendant vingt ans, jusqu'à sa mort. La restauration qui a suivi son bombardement lors de la dernière guerre a renouvelé l'ambiance de travail produite par le mobilier. Le jardin de la cour intérieure semble avoir été dessiné par Goethe lui-même, qui était épris de verdure. Une librairie proche sur la Goethesplatz propose œuvres et portrait du poète sous les arbres dont Goethe croquait les amandes pour libérer son esprit.

On ne vend rien ici sans Goethe, sans ses amis, dont Schiller bien sûr, sans oublier les maîtresses du maître : Luise von Göchhausen, petite, l'air souvent épuisé, assez laide et parlant fort aux grandes dames aux chapeaux enrubannés de la noblesse ducale qui ne l'aimaient pas beaucoup ; Charlotte von Stein avait, elle, un profil délicieux. Goethe se promenait souvent devant sa maison de campagne du Park an der Ilm, jouissant des jardins ; ses humeurs ont aussi orienté les plantations dans son orangerie.

Non loin de là, dans l'ancienne maison des Stein, dans l'Ackerwand, s'est installé l'Institut Goethe, fier d'avoir pu décompter trente-quatre esprits créateurs célèbres dans la ville. Derrière ses murs épais qui abritent l'apprentissage linguistique, on étudie aujourd'hui les classiques allemands auprès desquels on croit retrouver la cour de Weimar, Schiller et sa maîtresse, une certaine Charlotte von Kalb, le médecin Johann Georg Zimmermann, les amis Karl Ludwig von Knebel, Johann Caspar Lavater, et naturellement Johann Wolfgang Goethe, épris de Charlotte von Stein qui était esseulée et déprimée par la perte de plusieurs enfants en bas âge. Après deux ans de cour assidue, de retour au château de Grosskochberg, ils s'aimèrent passionnément. Leur liaison dura six ans. Charlotte avait une pureté cristalline et Goethe le talent qui rend heureux. Leur rupture fut aussi romantique et dramatique que les premiers temps de leur union : *« O liebe Lotte, wenn ich dich nicht hätte, ich ging' in die weite Welt »* (« Oh, ma chère Lotte, si je ne t'avais pas eue, je serais parti dans le vaste monde »).

Christiane Vulpius a su remplacer Charlotte, et Goethe, après avoir fréquenté la haute société, pensa alors fonder une famille. Tout ce monde était raffiné, célèbre, cultivé, voire génial, riche ou tout au moins aisé, simple, aux antipodes d'une souveraineté absolue et de ses fontaines, qu'elles jaillissent et bruissent à Versailles ou à Potsdam. L'esprit et la culture devançaient de très loin le luxe et les folies royales.

Mais Weimar cultive le paradoxe. Sa sublime aura s'est souvent noircie. Il n'est pas sûr que Goethe ait apprécié la visite que Napoléon lui a faite. Herder y a jeté les bases d'une philosophie de la nation. Le Bauhaus, école d'architecture et des arts modernes, fondé par Groppius dans les années 1920, a dû renoncer à son projet devant l'hostilité populiste, alliée de l'extrême droite ; ce brillant créateur a fui le nazisme à Dessau avec Klee et Kandinsky, et sa nouvelle école fut fermée à la demande des nazis. C'est à Weimar aussi que Nietzsche mourut en 1900 dans la maison de sa sœur, qui adapta sa philosophie à son propre délire pronazi et ouvrit son salon aux grands dignitaires du régime. C'est enfin à Buchenwald, non loin du centre-ville qu'un sinistre camp de déportation fut ouvert.

L'histoire de Weimar est à la fois un diamant culturel et une somme de souvenirs médiocres ou atroces ; elle représente un nouvel exemple de l'ambiguïté allemande.

CHAPITRE 18

Essor de l'université allemande

Tous les pays développés connaissent les difficultés nées d'une progression des connaissances supérieure à celle de l'État et de son organisation intérieure. Ce fut le cas de l'Allemagne à la fin du XIXe siècle et ses dirigeants eurent la sagesse d'y remédier.

Des universités étaient apparues dans les grandes agglomérations du pays, entretenues par des ressources financières les plus diverses, souvent religieuses, animées par des professeurs très diversement instruits, travaillant avec des affinités et des capacités extrêmement variables.

Les universités allemandes semblaient toutes cachées par la nébulosité qui les entourait depuis leurs origines, même celle de Berlin, pourtant installée non loin de l'Académie, de la Bibliothèque royale et de l'Opéra. Une grave crise nationale fut nécessaire comme bien souvent pour que la situation change.

*

Le retentissement de la honteuse défaite prussienne d'Iéna (1805), réalisa selon l'historien Nipperdey un véritable acte fondateur*.

* Thomas Nipperdey, *Deutsche Geschichte 1800-1918*, C. H. Back, 1998.

La survie du royaume déclencha en effet une grande réforme civile et militaire, capable de remédier à l'humiliation de la déroute militaire, des morts, de la désintégration du pouvoir civil et de la fuite du roi Frédéric-Guillaume III en Prusse-Orientale après la victoire de l'empereur Napoléon. S'y ajoutaient la perte de la moitié du territoire, annexée par la France, et l'apparente satisfaction de la vingtaine de principautés ayant rejoint Napoléon dans la Confédération germanique, ridiculisant les tentatives d'indépendance de la Prusse.

Les têtes pensantes du royaume réussirent à convaincre leur souverain que la Prusse n'avait d'autre moyen de survie que de se refaire « par le haut ». Le roi finit par admettre, avec sa lenteur habituelle, que la Prusse devait compenser la perte de ses provinces, confisquées par Napoléon, par des conquêtes intellectuelles, surprenant son peuple par sa modestie et un bon sens qui lui avaient fait défaut jusque-là.

Les conseillers Hardenberg et Stein, chargés de la politique intérieure, furent mandatés par le roi de l'exécution de la réforme universitaire. Le domaine des humanités fut confié à Kleist, Arnim, Schiller et surtout Humboldt.

Wilhelm von Humboldt est né quarante-huit ans plus tôt, en 1797 dans une famille associant une noblesse reconnue par le grand roi Frédéric II au piétisme d'une mère huguenote. Elle s'abrita dans un aimable petit château situé sur une rive du lac Tegel, à proximité de Berlin. Humboldt y respira un air mêlé, assez berlinois et issu des Lumières, associant conservatisme, avec les amis de son père, dont le grand-duc Karl August de Weimar et Goethe, et modernisme intellectuel, avec le philosophe Moses Mendelssohn, l'éditeur Friedrich Nicolaï et les habitués des salons littéraires de Rahel Levin et Henriette Herz, souvent représentés par l'architecte Shadow, le prédicateur Schleiermacher et l'écrivain Schlegel. Avec Hegel, Schelling et Herder, Humboldt a considéré la Révolution française comme un remarquable essor intéressant l'âme humaine et ayant une portée universelle.

Les cours de droit, de philosophie et d'économie de l'Université de Francfort-sur-l'Oder et surtout de celle de Göttingen, la Georgia

Augusta, meilleur établissement du royaume à cette date, firent de Wilhelm Humboldt un haut fonctionnaire équilibré, instruit, rationnel et conservant son enthousiasme naturel pour les changements profitables.

Humboldt parut parfaitement apte à entreprendre la réforme réclamée par le roi, malgré l'avis négatif de Goethe, ami depuis qu'il avait épousé la Thuringienne Catherine von Dächedören, ce qui avait rapproché les deux familles. Goethe avait trouvé la tâche trop ardue et les Humboldt vivaient alors à Rome dans la confortable ambassade d'Allemagne.

L'association du conservatisme et du libéralisme du grand aristocrate représenta peut-être une garantie facilitant une construction universitaire. Humboldt l'accepta et abandonna sa charge d'ambassadeur.

En quatre mois, il rédigea ce qu'il a appelé un plan scolaire. Ce *Königsberger Schulplan*, influencé par Emmanuel Kant, devenu son voisin à la cour de Prusse, et son vieil ami le naturaliste Georg Forster, défendait un enseignement convergeant vers une expression correcte, une lecture et une écriture sans défaillance, ce qui réclamait un dynamisme de la pensée de l'élève et non un apprentissage purement mnésique. La pratique dominait déjà la théorie. L'esprit kantien orienta la réforme en se limitant à ce qui est accessible à la seule logique et donc compréhensible par tous.

Ces fondamentaux étant acquis, la maîtrise des subtilités linguistiques et mathématiques représenta l'étape suivante, c'est-à-dire l'enseignement secondaire. L'enfant devait compléter son savoir par lui-même, en dehors de toute règle et de toute contrainte. Les professeurs des gymnases (lycées) furent préparés par l'université à animer un cursus de dix ans et un programme comportant moins de religion et de français que naguère. Ce mode d'enseignement fut très critiqué mais a amplement contribué à améliorer le niveau général.

La réforme universitaire mettait en place des changements totalement inédits en Allemagne et dans la plus grande partie de l'Europe. Humboldt a voulu que les étudiants reçoivent une culture générale qui n'était pas nécessairement adaptée à la profession à laquelle ils se destinaient. L'enseignement devait être accompagné d'une activité de recherche développant l'esprit d'initiative et la créativité des élèves. Cette orientation était conforme à la formation que Humboldt avait lui-même reçue. La liberté de jugement lui avait été enseignée par ses instituteurs à domicile et quelques amis dont le naturaliste Forster était tête de file. Il n'oubliait pas ce que sa visite dans le Paris révolutionnaire lui avait montré la valeur des principes républicains. Johann Campe, qui fut l'un de ses précepteurs, avait en effet accompagné Humboldt à Paris pour fêter au Champ-de-Mars le premier anniversaire de la prise de la Bastille : il avait alors 20 ans et participa à l'édification de l'autel de la liberté. Il revint souvent sur l'émotion alors ressentie. Ainsi écrivait-il, en novembre 1797 : « L'esprit moderne, surtout dans ses extrêmes et ses extravagances, n'étant nulle part autant chez lui qu'ici, la France donne son orientation à la manière de penser de la fin de notre siècle. »

L'obligation d'un apprentissage de la philosophie à l'université reflétait ses conversations avec Kant et Moses Mendelssohn qui lui avaient appris à respecter la personnalité humaine et son infinie variation. La conception de Humboldt était en fin de compte celle d'un aristocrate libéral. La politique réactionnaire du traité de Vienne en 1815 ne l'a pas remise en cause. Elle a été la réforme qui a le mieux résisté aux tourments de l'histoire allemande.

L'entente de Humboldt et de Stein et l'approbation du conseil royal hâtèrent la mise en route de la réforme. La nouvelle université fut installée avec solennité dans le palais du prince Heinrich, sur l'avenue Unter den Linden, en face de l'Opéra.

Ses nouveaux maîtres furent de grands travailleurs, de grand renom : Schleiermacher en théologie, Savigny pour la jurisprudence, Niebuhr en histoire, Klaproth en chimie et Hufeland en médecine. Il fallait des hommes de cette trempe pour corriger les faiblesses de l'enseignement précédant cette époque, faire valoir de nouvelles idées et rallier les étudiants à leur enthousiasme.

Une activité de recherche devait s'associer à l'enseignement, tant chez les maîtres que chez les élèves, comme l'avait demandé avec insistance

Humboldt. L'enseignement devait s'ouvrir à toutes les initiatives paraissant intéressantes, comme c'était le cas dans les universités britanniques. Les préjugés et toute forme de religiosité étaient proscrits afin d'accepter tous les progrès de l'industrie, de la science, des techniques et de la démocratisation. La plupart des anciennes universités allemandes ont suivi l'exemple prussien. Celui-ci est devenu le maître d'œuvre de la promotion universitaire dans les pays de langue germanique.

*

Le mot « recherche » (*die Forschung*) ne faisait pas partie du langage universitaire un siècle plus tôt, l'art de la découverte semblant alors réservé à des gens exceptionnels et presque introuvables. Dans la plupart des disciplines en effet, la lenteur du progrès était normale et attendue. La philosophie, le droit, la théologie et une grande partie de l'histoire se targuaient même d'être épargnés par cette recherche constante de la nouveauté.

La recherche a créé un nouveau devoir universitaire, d'autant plus important qu'il est obligatoire. Les collaborations avec des collègues compétents furent utiles. La publication des progrès de la connaissance humaine constitua rapidement une nouvelle tâche dans les universités importantes. Une effervescence du savoir se manifesta sous toutes ses formes, qui devait se diffuser au plus grand nombre, aussi bien ceux aspirant à gagner la vie active ou ceux qui se voyaient eux-mêmes devenir professeurs. Tous devaient se comporter en « citoyens appropriés », selon l'expression britannique, c'est-à-dire en citoyens compétents, instruits, rationnels, pouvant occuper des situations importantes dans les institutions de l'État. Une classe intellectuelle animant la recherche dans toutes les disciplines fut reconnue par la société civile. Les nouveaux citoyens occupant des fonctions étatiques ont progressivement introduit le savoir, la culture et la rationalité de l'université au sein de la gestion publique. L'État allemand est devenu *Kulturstaat* ou *Erziehungstaat* (État de culture et d'éducation), dont l'une des plus importantes responsabilités était de déployer la connaissance et la formation.

Wilhelm von Humboldt s'est appuyé pour cette fonction également inédite, sur ses amis philosophes, tel Fichte qui estimait que l'Université était née fille de la Raison et des principes révolutionnaires français. La pensée grecque est aussi devenue une assistance morale et esthétique, permettant d'éviter une dérive vers un simple utilitarisme, évitant que la recherche ne devienne une corruption de l'intelligence.

Cette nouvelle université, « sacerdotale », créative, morale, hiérarchique, surtout scientifique, a donné un coup de fouet aux disciplines littéraires afin de les protéger du monopole d'une science triomphante. L'Allemagne a pu alors paraître une nation fière, persuadée que sa valeur intellectuelle l'aiderait à devenir impériale. La réforme de Humboldt sacralisa l'université. Son nom impose encore le respect au sein du milieu universitaire et intellectuel allemand.

Il faut reconnaître l'innovation que représentaient les cinq dogmes humboldtiens, qui ont d'ailleurs fait le tour du monde. 1) Ouverture et liberté concernant le programme et le mode d'enseignement accordées à toutes les disciplines qui le méritent par leur qualité et leur potentiel, qu'elles soient scientifiques ou littéraires. 2) Sélection des meilleurs maîtres, tant en sciences exactes que dans les lettres. 3) Abandon des dépendances et des soumissions religieuses et libre accès aux progrès scientifiques, techniques et industriels. 4) Impérieuse obligation de la recherche, chez les enseignants comme chez les élèves. 5) Indépendance vis-à-vis de tout pouvoir temporel, en particulier vis-à-vis de la couronne prussienne, royale puis impériale, malgré l'intérêt et le soutien matériels et spirituels qu'elle peut offrir.

L'autonomie des universités a été stimulée par le fédéralisme imposant une concurrence vertueuse, ce qui l'a fait respecter par la politique nationale. Pendant la période du *Vormärz*, par exemple, le médecin Rudolf Virchow, renvoyé de l'Université de Wurtzbourg pour ses idées libérales, fut immédiatement accueilli, en raison de sa compétence, par celle de Berlin.

Succès de Humboldt

La réforme de Wilhelm von Humboldt, aidée par les progrès scientifiques contemporains, fut la cause essentielle de l'extraordinaire développement universitaire qui s'est affirmé dans les années 1850 pour s'amplifier et croître jusqu'aux guerres du XXe siècle. Sa marque est encore perceptible aujourd'hui.

La réussite de la réforme universitaire fut démontrée par une situation tout à fait inédite, caractérisée par l'afflux considérable d'étudiants dans les universités allemandes au XIXe siècle et une prolifération d'instituts de recherche et d'enseignement. Les hommes qui accédèrent à des situations professorales étaient remarquablement motivés, avec une volonté de recherche soutenue ; ils bénéficièrent de l'intérêt de l'État, de soutiens financiers et de l'attraction exercée par les institutions allemandes à l'étranger.

Quelques chiffres témoignent du succès allemand. De 1815 à 1824, le nombre de découvertes majeures en physiologie dues à l'Allemagne fut de 18 (contre 29 dans les grandes nations occidentales confondues en un seul ensemble) ; mais de 1855 à 1864, ces chiffres étaient de 156 pour l'Allemagne, et seulement de 57 ailleurs. Les grandes performances de la recherche allemande ont concerné toutes les disciplines scientifiques*.

L'énergie créatrice de l'Université Humboldt, suivie par les autres universités germaniques, a essentiellement procédé de l'impératif de recherche. Celle-ci est devenue la discipline distinguant les hommes et les institutions de haut niveau. Elle a suscité des enthousiasmes, créant un esprit de corps, façonnant le

* Philippe Meyer, *Le Génie allemand*, Perrin, 2017.

modernisme, et habituant les esprits à se débarrasser du faux pour adhérer à de nouveaux concepts. La recherche, selon Virchow dans les années 1860, a pris la place de l'Église et générait des « aspirations transcendantales* ».

L'abondance de moyens doit être relevée. L'État allemand n'a pas été avare. Une lignée de hauts fonctionnaires du ministère de la Culture, Friedrich Althoff d'abord, suivi de Friedrich Schmidt-Ott puis d'Adolf Harnack, n'a cessé de vanter les mérites des sciences pour accroître les subventions de l'État. Les souverains successifs, Frédéric-Guillaume III, Guillaume Ier et Guillaume II ont considéré la recherche comme une activité susceptible de donner au pays le prestige qu'il méritait. Le dernier empereur fut le fondateur de la Kaiser-Wilhelm-Stiftung, devenue la Max-Planck-Stiftung après la Seconde Guerre mondiale.

Difficultés françaises

L'efficacité de la recherche allemande fut renforcée par une comparaison avec celle de la France lors de la période de l'histoire dominée par la compétition sans merci et les guerres entre les deux pays.

La France a suivi le principe, adopté par la monarchie, reposant sur une séparation des grandes écoles soutenant la recherche fondamentale et de l'université proprement dite, surtout reléguée aux tâches d'enseignement. La Révolution et l'Empire ont pérennisé cette organisation. Elle perdure aujourd'hui.

Dans les grandes écoles, des corps de recherche furent créés et administrés par l'État et dotés en personnel et en matériel. Les professeurs ont subi et accepté l'élitisme qu'assurait le recrutement par concours des Écoles normales supérieures, de Polytechnique, des Mines ou de Centrale.

---

* Jacques Verger (dir.), *Histoire des universités en France*, Privat, 1986.

De brillantes élites y furent formées. Mais cette organisation comportait de sérieux inconvénients dont personne n'a pu se débarrasser dès qu'ils furent reconnus. Les défauts du système français ont ainsi perduré, inchangés, et parfaitement identifiables sous trois chefs, à l'opposé de ce qui était réalisé en Allemagne. Il s'est agi en premier lieu d'une inégalité entre les chercheurs des grandes écoles, bien encouragés, et les purs universitaires, n'ayant pu accéder à une école d'élite, moins appréciés du monde de la recherche et ne disposant pas des moyens nécessaires. Ensuite, d'un éclatement de la recherche qui par son appartenance à une école spécifique put être influencée par le seul intérêt de l'école et tentée de se refermer sur elle-même. Enfin, d'une certaine indifférence de l'État aux universités proprement dites, assurant un enseignement sans réelle obligation de recherche. En somme, la France a mis en place une véritable dichotomie dans son enseignement supérieur, abîmant son image intellectuelle et morcelant la recherche.

La France n'a pas manqué de savants, d'inspiration et d'inventivité. L'instabilité gouvernementale, l'absence d'engagement permanent de l'État, une appréciable lenteur à structurer le pays en fonction du progrès scientifique et à changer les habitudes du passé, ont été les véritables causes du retard français. Les actions en faveur de la recherche ont davantage été l'effet d'efforts individuels discontinus que d'une entreprise nationale soutenue. En Allemagne tout professeur d'université, tout *Professor Doktor* a joui (et jouit encore) d'un indiscutable respect ; la majorité des professeurs d'université en France sont traités comme de simples fonctionnaires.

L'Allemagne a sollicité le progrès et s'y est remarquablement adaptée tandis que la France a hésité. Un exemple, pris en médecine, le démontre. La nécessité d'une recherche couplée au soin et à l'enseignement, admise après le colloque de Caen dans les années 1955-1960, n'a été actée qu'en 1966, un siècle et demi après la réforme de Wilhelm von Humboldt, et cette réforme ne fut pas appliquée partout avec les mêmes exigences.

CHAPITRE 19

Goethe et la littérature allemande

Un grand et beau tableau, non signé, daté approximativement de la fin du XVIIIe siècle, représente Schiller lisant à haute voix un livre à une trentaine de personnes qui l'écoutent avec attention. Cette petite cour comprend quelques nobles et quelques bourgeois reconnaissables à leur mise, des citoyens et des citoyennes dont on ignore la provenance et qui restent dans l'ombre d'un petit temple aux allures helléniques, des enfants surveillés par leur mère, vêtue de beaux atours ; une petite compagnie de jeunes hommes, assise derrière l'orateur, le suit des yeux en même temps qu'elle l'écoute attentivement. La forêt de Weimar ferme le décor. Le peintre a averti qu'il illustrait ce que doit être une nation de la culture. On ne reconnaît pas les membres actifs de cette cour, Goethe et autres Herder, Wieland, Hölderlin, qui ont convergé à Weimar pour enrichir leur inspiration en même temps qu'ils contribuaient à la grandeur de l'Allemagne. Mais on peut être certain de leur présence sur une toile qui cherche à la traduire.

Les lettres allemandes ont beaucoup profité de ce cénacle mis en place par la cour des Saxe-Weimar-Eisenach, surtout grâce à la passion dévorante que leur témoigna la duchesse Anna Maria

Amalia. Weimar assura les premiers pas de la littérature allemande, qui se développa ultérieurement dans les provinces respectives des meilleures plumes du pays sans se départir de l'esprit qui les attira autour de Goethe et de Schiller. Cette initiative littéraire fut un succès. Le nombre de citoyens allemands capables d'apprécier la lecture s'éleva progressivement dans le pays jusqu'à doubler pendant le siècle qui suivit. Le phénomène fut unique en Europe. Ni l'Angleterre ni la France, malgré leur intérêt pour la littérature classique, n'eurent une capitale littéraire distincte de leur capitale politique ; ces deux nations le regrettèrent.

Le fascisme hitlérien, malgré sa funeste condamnation d'auteurs qui ne remplissaient pas les conditions qu'il exigeait, n'est pas parvenu à freiner l'engouement de l'esprit allemand pour la lecture. Une caricature reproduite dans le livre de Dieter Borchmeyer, intitulé *Was ist deutsch ?*, montre les mimiques effarées de Beethoven et de Goethe devant un Hitler botté écrasant livres et lecteurs*.

L'Allemagne doit cette fidélité à la qualité et au nombre des auteurs qui firent sa culture pendant les trois derniers siècles. Sainte-Beuve a qualifié Goethe de « plus grand des critiques modernes de tous les temps », et Mme de Staël le considéra comme « admirable entre tous par ses vertus autant que par ses talents, la conscience étant sa muse ». Nietzsche n'hésita pas à le désigner comme le meilleur représentant de la littérature allemande. L'empereur Napoléon éprouva le besoin de saluer Goethe et de le décorer. Les successeurs du groupe de Weimar, les Ludwig Tieck, Clemens Brentano, Wilhelm von Humboldt, Johann Gottlieb Fichte, furent tous d'une exceptionnelle qualité, qui s'est maintenue malgré les sévices de la politique qui suivirent. Une dizaine de prix Nobel a honoré la littérature de langue allemande, de 1902 à 2004, Theodor Mommsen, Rudolf Eucken, Gerhart Hauptmann, Paul Heyse, Carl Spitteler, Thomas Mann, Herman Hesse, Nelly Sachs, Heinrich Boll, Günter

---

* Dieter Borchmeyer, *Was ist deutsch ?*, *op. cit.*, p. 462.

Grass, Elfriede Jelinek, auxquels s'ajoute une innombrable cohorte de talentueux auteurs Hans Werner Richter, Martin Walser, Paul Celan, Alfred Döblin, Ingeborg Bachmann et autre Joseph Roth.

*

L'éloge de la littérature allemande, surtout à ses débuts, est délicat parce qu'il est concerné par plusieurs variétés de créativité littéraire. Les fondateurs de l'école de Weimar, par leur initiative et leur talent méritent en tout cas une place particulière. Goethe fit preuve d'un incroyable éclectisme artistique littéraire, dramaturgique, poétique, romanesque, philosophique et scientifique. Cette dispersion peut être vue comme une fragilité. Ses points forts reposèrent sur sa modestie apparente, l'oubli de toute passion politique autre que celle de contribuer à la grandeur de l'Allemagne en lui insufflant son propre romantisme et son talent poétique. Il n'a jamais caché les joies assez enfantines de son apprentissage, la splendeur de la cathédrale de Strasbourg, la découverte que les premiers bâtisseurs de cathédrales gothiques furent français, la beauté de la plaine alsacienne surprenante pour quelqu'un qui n'était guère sorti de Francfort et de Leipzig, et la richesse de la belle nature lui inspirant ses élans vers l'Être suprême. La forêt de Thuringe suscita les plus émouvantes rêveries :

Ich ging im Walde
So für mich hin
Und nichts zu sehen
Das war mein Sinn.

(« J'allais dans la forêt / Au hasard de mes pas / Ne rien chercher, voilà / Ce qu'était ma pensée. »)

La pensée de Goethe, bien que toujours complexe, afficha constamment la plus grande simplicité. Revenu d'Italie, il a alors mis son propre élan au service de la défense de l'idéal esthétique. L'évocation des droits de l'homme le gagna lorsqu'il assista aux côtés du duc de Weimar à la bataille des troupes révolutionnaires françaises avec les armées princières germaniques et à la canonnade de Valmy qui mit en déroute les monarchies : Goethe a compris la signification de cette défaite : « [...] de ce lieu et de ce jour date une nouvelle époque de l'histoire du monde et vous pourrez dire que vous y étiez ». Sur la rive de la Moselle, à la frontière française, Goethe a peint une aquarelle montrant un poteau couvert d'un bonnet républicain, orné d'un ruban tricolore, indiquant au passant que « cette terre est libre ». Recevant la visite de l'empereur Napoléon qui organisait ses entretiens d'Erfurt (septembre 1808), il en a laissé un souvenir inoubliable : « L'Empereur me fit signe d'approcher. Je reste debout devant lui à une distance convenable. Après avoir regardé attentivement, il dit : "Vous êtes un homme." Je m'inclinai. »

Goethe pourtant n'eut pas de passion pour un personnage politique. On ne la découvre pas davantage en égrenant ses fréquentations ; chacune d'elle fut une relation privilégiée, unique et traitant d'un sujet paraissant irremplaçable, mettant en jeu toutes les fibres sensibles de l'auteur. On ne parle pas non plus de ses conquêtes féminines, même de Charlotte von Stein avec laquelle il eut une relation amoureuse exceptionnellement durable. Goethe, dont on pourrait discourir longtemps, n'a jamais caché cependant son ambition pédagogique universelle, son soutien indéfectible à ses collaborateurs weimariens, Schiller, Herder, Wieland et Hölderlin, en leur témoignant attention, patience et affection et en espérant que son œuvre contribuerait à sa dénomination d'« âme du monde ».

Goethe a en fait obtenu ce qu'il avait espéré. Sa maîtrise de la langue allemande en a fait « un grand témoin » responsable de la beauté de la pensée développée en allemand. Les institutions qui diffusent, enseignent et entretiennent la langue allemande aujourd'hui méritent leur nom d'Institut Goethe. Mais Goethe a voulu davantage, une valeur universelle, signifiant que les publications en langue allemande ont pour les meilleures une valeur transcendantale. Cette équation entoure Goethe et ses héros, Werther, et Götz, d'une aura exceptionnelle. Goethe fut un écrivain sacralisé de son vivant, presque considéré comme un dieu de l'écriture. Il est possible que Goethe ait rêvé d'une telle réputation dépassant les frontières de l'Empire allemand, bien qu'il ait toujours témoigné d'une modestie de bon ton. La promotion internationale de Goethe fut facilitée par la critique de l'Écossais Thomas Carlyle. Ce dernier écrivit franchement ce qu'il pensait de Goethe lors du décès de « ce grand homme contemporain, [...] sa véritable morale ayant consisté en une leçon de vie qui prend le pas sur l'œuvre ». Or, ajoutait-il, « l'œuvre la plus grande de tout homme, ou plutôt le sommaire et le total net de toutes ses œuvres est la vie qu'il a menée ».

Goethe a attiré Friedrich von Schiller auprès de lui. Son immense talent littéraire fut décisif. Goethe usa de tolérance pour travailler avec un homme qui, contrairement à lui, laissait éclater les foucades de son intelligence, parfois violentes. Schiller a laissé exploser sa joie lorsqu'il fut accepté à Weimar ; en témoigne son célèbre « Hymne à la joie », devenu prélude à la finale de la *Neuvième symphonie* de Beethoven, honorant l'amitié et la sympathie à l'attention de tout le genre humain. Schiller s'est apaisé pour être à l'unisson de l'ambiance de Weimar ; la duchesse Anna Amalia et les écrivains Herder et Wieland l'acceptèrent sans hésitation. Le duc Karl August le choisit comme conseiller et l'anoblit. Goethe, déjà noble par son père et propriétaire d'une grande demeure sur la belle place du Frauenplan, cadeau de la cour de Weimar, le recommanda à l'université de la proche Iéna qui l'admit en tant que professeur libre d'histoire. Goethe, féru de botanique, savait que « les feuilles d'un arbre ne sont jamais identiques à celle d'un autre arbre et que sur mille hommes on n'en trouverait pas deux absolument semblables ». Il fut conscient des efforts nécessaires pour parfaire son amitié avec Schiller. Celui-ci, de son côté, persévéra dans sa recherche de liberté et d'égalité entre les hommes. Schiller a cru en la valeur de la Révolution française à cet égard et la France lui témoigna une reconnaissance officielle. Schiller a rejoint Goethe en traduisant en allemand les grands drames classiques grecs. Il réinterpréta plusieurs chapitres de l'histoire, notamment *La Révolte des Pays-Bas* et l'*Histoire de la guerre de Trente Ans*. Schiller exposa dans une *Jeanne d'Arc* (*Die Jungfrau von Orleans*) comment son héroïne meurt dans les bras d'un chevalier anglais qu'elle aime passionnément. Schiller s'était proposé de réhabiliter son honneur, surtout vis-à-vis des sarcasmes de Voltaire. Il est parvenu à faire oublier son impulsivité, son hypersensibilité et a convaincu Goethe de la justesse de sa philosophie humaniste et de son admiration pour la philosophie platonicienne. Goethe et Schiller se sont parfaitement entendus, en partie grâce à la souplesse de Goethe. Certains poèmes de Schiller, tels que *La Fille venue d'ailleurs*, auraient tout aussi bien pu être écrits par Goethe :

In einem Tal, bei armen Hirten
Erschien mit jedem jungen Jahr,
Sobald die ersten Lerchen schwirrten
Ein Mädchen schön und wunderbar...

(« Jadis dans une vallée, chez de pauvres bergers, / Paraissait, dès l'année nouvelle / Et les premiers babils des alouettes, / Une fille, merveilleuse et belle... »)

Goethe et Schiller ont ensemble veillé sur le journal *Die Horen* (*Les Fées*), qui a témoigné progressivement du sentiment que les drames, les émotions, les joies, les compétences, le travail fêtent la grandeur de l'homme mais pas celle d'un État que l'école de Weimar voulait servir. Nombre d'auteurs ont cru que la littérature pouvait contribuer à la naissance d'une nation culturelle allemande par la présence et l'action d'un important noyau linguistique expert dans les affaires de l'esprit. Goethe et Schiller ont cependant pensé que la dimension nationale était insuffisante. L'évolution du monde leur a fait entrevoir l'accès à une dimension internationale. Dans un entretien daté du 31 janvier 1827, peu de temps avant sa mort, Goethe a confié à Eckermann : « Le terme "littérature nationale" n'a plus grand sens à une époque qui a permis l'apparition d'une littérature mondiale que chacun doit contribuer à accélérer. »

Dans *Poésie et vérité*, Goethe explique qu'il « n'a jamais cessé, sa vie durant, de transformer ce qui le réjouissait, le tourmentait ou l'occupait de quelque façon, en image ou en poème, [c'était sa façon] de tirer la conclusion, de rectifier l'idée qu'il pouvait se faire du monde extérieur ». Goethe a sans doute exercé la même habileté et la même générosité avec les écrivains qui se sont regroupés autour de lui à Weimar. Il respecta leur compréhension personnelle de la littérature et de la politique. Herder fut un compagnon de route en Alsace, un chaud partisan de la réforme littéraire du *Sturm und Drang* qui prônait l'expression d'un esprit allemand original, cessant de s'inspirer des littératures étrangères, surtout de la française ; mais son humanisme lui fit détester les nationalismes excessifs.

Ces écrivains développèrent principalement leur réflexion vers l'organisation de la culture, tandis que le Souabe Hölderlin consacra la sienne à la poésie et aux rêveries. Il fut mystiquement épris des forces naturelles, communiant avec des divinités grecques dans le décor de leurs îles, amoureux de leurs forces morales, physiques et de leur pureté, ainsi que des mythes séculaires du pain et du vin.

Hölderlin ne fut pas un poète comme les autres, organisant son verbe selon ses sensations, des images physiques et mentales et des associations d'idées. Chez lui, les mots président à l'activité mentale et la précèdent ; les mots commandent, sont maîtres d'œuvre du fonctionnement mental, un peu à la manière des peintres surréalistes qui disposent de couleurs et d'encres et les laissent conduire leur toile avant d'avoir une idée claire de ce qu'ils veulent y mettre. Hölderlin fut le premier écrivain « surréaliste ». Bettina von Arnim, muse de ce que l'on nomme le second romantisme, donne une explication : « Une puissance divine l'a inondé de ses flots et cette puissance, c'est le langage qui a noyé ses sens sous son afflux rapide, irrésistible ; et quand les eaux se sont retirées, elles ont laissé ses sens affaiblis, la puissance de son esprit ébranlée, terrassée. [...] Il dit que c'est le langage qui informe toute pensée parce qu'il est plus grand que l'esprit humain, lequel n'est qu'un esclave du langage... » Le poème *Häfte des Lebens* (« La moitié de la vie ») illustre magnifiquement ce mécanisme mental inédit :

Mit gelben Birnen hänget
Und voll mit wilden Rosen
Das Land in den See
Ihr holden Schwäne,
Und trunken von Küssen.
Tunkt ihr das Haupt
Ins heiligenüchterne Wasser.

(« Lourde de poires jaunes, / Et pleine de roses sauvages / La terre penchée sur le lac / Et vous, cygnes charmants / Enivrés de baisers, / Vous trempez votre tête dans l'eau sombre et sacrée. »)

Hölderlin a vécu dans le drame d'une progressive incompréhension de tout ce qui l'entoure. Dieu s'est retiré, les constructions politiques se sont effondrées, le langage des amis est devenu étranger, les ennemis se sont transformés en amis : « Tout passe, le jour, le vent, le fleuve ». En 1793, Hölderlin a planté un arbre de la liberté à Tübingen. Son ami Hegel et lui ont attendu le jour de la révolution allemande qui n'est pas venu. Hölderlin s'est désespéré de la mort dans *Hypérion.* Les images de ses poèmes ont proliféré dans son esprit, les symboles trop nombreux se sont bousculés, menant le poète dans les enfers psychiatriques. Il a vécu avec les seules personnes bienveillantes qui lui restaient, le menuisier Zimmer de

Tübingen et sa fille Lotte. Hölderlin a quitté ce monde le 7 juin 1843.

Les premiers pas de la littérature allemande à Weimar furent orientés vers une recherche de qualité et de promotion d'un idéal d'excellence, ouvert à tous, parfaitement démocratique. Mais il fut aussi polyphonique, surprenant dans un pays partisan de l'ordre, ce qui déplut deux siècles plus tard aux spécialistes nazis de l'« art dégénéré » (*entarter Kunst*). Mais l'art littéraire allemand, dès sa naissance, considéra comme bienvenus tous ceux qui comprenaient que la diversité intellectuelle y régnait naturellement, aussi bien qu'ailleurs.

CHAPITRE 20

Une démocratie littéraire

La littérature allemande a poursuivi sa route démocratique, apparemment ouverte à toutes les idées, à tous les genres et à toutes les sensibilités. L'Allemagne contemporaine a tant de ressources et a réussi tant de rêves que sa présentation, encombrée par le succès, peut faire croire qu'elle émane d'un éden européen. Mais l'Allemagne a suivi en réalité son Docteur Faust. En accumulant ses richesses, elle a aussi meublé sa face noire ; elle prétendait à une gestion universelle des âmes, à devenir une *Kulturnation*, mais elle a dû subir le Mal pur provoqué par des débordements qu'elle n'a pas su prévoir.

La littérature s'est en réalité souvent développée dans un sens opposé à celui de l'extase qu'elle recherchait. Les ordres du fascisme hitlérien et du communisme soviétique ont considérablement brisé son élan. Dans le passé, les expériences de Heinrich Heine et de Thomas Mann, allant souvent dans des directions opposées, constituèrent un exemple classique de ces antagonismes ; le premier a dénoncé la rude âpreté de son administration et son antisémitisme rétrograde, tandis que le second, Thomas Mann, a fait preuve d'un nationalisme et d'un conservatisme sans concession, qui ont concouru à une régression de l'humanisme soutenu depuis cinq siècles. Deux courtes notices concernant ces deux esprits permettront de rééquilibrer l'impression lénifiante que la littérature allemande semble imposer de prime abord. Heinrich

Heine et Thomas Mann, inconciliables génies, sont des exemples parfaits de l'ambiguïté allemande. Nombre d'auteurs les ont suivis.

Heinrich Heine

Heinrich Heine a levé le rideau qui obscurcissait la société allemande de la fin du XIXe siècle. Il l'a renseignée sur les immenses oppressions qui pesaient sur elle. Il l'a libérée en la rapprochant de la France. Sa vie s'impose à tous ceux qui souhaitent comprendre l'Allemagne. Cet homme, l'un des trois plus séduisants poètes d'Allemagne, repose aujourd'hui dans une tombe du cimetière Montmartre de Paris. Il fut l'un des tout premiers authentiques Européens.

Heine est né à Düsseldorf dans les dernières années du XVIIIe siècle ; il prit conscience de son environnement national en même temps qu'un nouveau monde naissait au congrès de Vienne par lequel l'Allemagne cherchait à retrouver un souffle. Or ce pays n'était qu'un mythe inachevé ; le roi de Prusse voulait le représenter sans avoir d'autre moyen qu'une police n'hésitant pas à supprimer brutalement les droits de l'homme et à encourager la même répression auprès des princes allemands.

Heine a exprimé ouvertement son chagrin et son angoisse dans son livre intitulé *De l'Allemagne*, reprenant le titre de Mme de Staël qui déplora avant lui les erreurs de l'empereur français. Heine aspire ouvertement dans ce livre à un regain de liberté : « Et l'Allemagne que fera-t-elle ? Je ne sais. Commencerons-nous enfin à utiliser nos forêts de chênes, c'est-à-dire à faire des barricades pour la délivrance du monde ? Commencerons-nous enfin, nous à qui la nature a départi tant d'intelligence, tant de force et tant de courage, commencerons-nous à profiter de ces dons de Dieu et à comprendre, à proclamer et à exécuter les préceptes du grand maître, la doctrine des droits de l'homme ? »

Heine était issu d'une famille juive, ce qui donnait à sa plaidoirie une acuité spéciale. La mère de Heinrich Heine, née Peira van Geldern, appartenait à un milieu distingué, originaire de Hollande. Son père,

Samson, naquit dans une famille juive orthodoxe de marchands de l'Allemagne du Nord. Celle-ci comptait des banquiers et des érudits, et habitait des demeures bourgeoises ; sa branche universitaire logeait dans un ancien hôtel particulier de Düsseldorf au prix de patentes exorbitantes imposées alors aux personnes de cette religion. Malgré une protection civique, la famille Heine vivait dans l'inconfort d'un respect du judaïsme associé à une tentation de pleine appartenance à la Rhénanie impériale ; elle appréciait néanmoins l'esprit et les traditions laissés par les soldats français en 1813, « après que Dieu, la neige et les Cosaques eurent détruit les meilleures forces de Napoléon ».

Les Juifs furent en effet respectés tant que les soldats de Napoléon occupèrent Düsseldorf, maintenant la législation française, c'est-à-dire l'égalité en droits avec les concitoyens. Après la défaite de la France, ce fut différent. Heinrich Heine se rassura en pensant que « l'essentiel là-dedans était d'être né », de garder le souvenir de la culture française et de respecter les élans de romantisme politique qui assaillirent progressivement son âme, c'est-à-dire une participation à l'héritage de l'idéal d'humanité transmis par la littérature allemande.

La vie de Heine commença d'une étrange manière, peut-être nonchalante, ou témoignant à sa manière d'une certaine autarcie de la communauté juive, puisque l'état civil se trompa d'âge et de prénom à sa naissance. La famille Heine était pourtant policée et attentionnée. L'administration de Düsseldorf, capitale ducale du duché de Berg, a retenu, sans doute trop rapidement, que l'aîné Heine est né le 13 décembre 1797. Harry, fut son premier prénom, ni juif ni allemand, insolite dans une famille qui, recherchant son intégration, ne respectait guère le judaïsme intégral et se voulait allemande. Harry fut d'ailleurs remplacé par Christian puis par Johann, et par Heinrich plus tard en 1825 lors de sa conversion au luthéranisme.

L'histoire de la famille Heine ne révéla aucune explication cohérente à ces bizarreries. Heinrich Heine indiqua dans une note publiée à titre posthume qu'« autour de son berceau dansaient les derniers rayons de lune du XVIIIe siècle et la première aurore du XIXe ». Il signifia sans doute par là qu'il venait au monde dans la grande perturbation que provoquaient la libération bourgeoise des chaînes de la féodalité et l'éclatement de la société agraire sous l'effet de la grande vague d'industrialisation née en Angleterre. Les origines des Heine souffraient de l'instabilité ambiante. Heinrich et ses deux jeunes frères, éduqués surtout par leur mère, furent confiés à des établissements d'enseignement chrétien de Düsseldorf, où ils supportèrent prières, coups et latin. La chute de l'empereur Napoléon leur retira la possibilité d'entreprendre une carrière d'État. Heinrich reçut un enseignement complémentaire conçu dans la tradition juive ; il fut préparé selon la tradition familiale à devenir négociant dans une banque appartenant en partie à son oncle Salomon Heine, frère cadet de son père, devenu millionnaire, qui était à la fois doux et exigeant vis-à-vis de son neveu.

Celui-ci préféra entreprendre des études de droit dans les universités de Bonn, Göttingen et Berlin. Ce fut en octobre 1818. À Bonn, Heine ressentit l'appel de la Prusse, alors occupée à relâcher les liens que la France avait tissés en tant que puissance occupante ; il eut des professeurs de haut niveau (Schlegel, Arndt) et des camarades instruits (Hoffmann von Fallersleben et Wolfgang Menzel). Heine répondit à ses premières interrogations en écrivant des poèmes, des sonnets, un essai littéraire intitulé *Le Romantisme*, ainsi que des romances. Sa tragédie *Almansor* est une critique de la religion, qu'il accusait d'intolérance, comme d'ailleurs la religion juive, cela allait de soi.

Son écriture de jeune homme fut magnifique, peut-être la plus belle de son œuvre, avec des poèmes d'où sourdent une intense émotion, des descriptions touchantes de personnages et de lieux, et des prises de position défendant la liberté. Il a supprimé la littérature allemande de toute lourdeur et y laisse une esthétique éternelle. Heine ne s'interdit pas d'aborder la politique, ce qui paraissait insolite après 1815 : « Là où on brûle des livres, on finit par brûler des hommes. » Les rancœurs de la défaite impériale, du congrès de Vienne et de la révolution de 1830 furent compensées par l'inspiration qu'elles suscitèrent chez l'écrivain. Les peuples vivaient dans la crainte d'avoir perdu les droits de l'homme et redoutaient avec Heine que « nos chers princes nous mettent de nouveau un collier autour du cou ». Ce fut, résuma-t-il, « une sombre époque en Allemagne, rien que des chouettes*, des édits de censure, une odeur de cachot, des romans sur le renoncement, des parades militaires, de la fausse dévotion et de l'imbécillité ».

À l'université, « où soufflait encore le vent de la liberté, où l'on entendait le battement d'ailes de la passion, où les traditions de l'humanité véritable ne ralentirent pas », les manifestations en faveur de la liberté ne cessaient pas. En 1817, le trois centième anniversaire de l'affichage par Luther des quatre-vingt-quinze thèses sur la porte de l'église de Wittenberg couplé au souvenir de la bataille des Nations de Leipzig, occupa la jeunesse, toujours réactive ; des étudiants venus de treize universités se réunirent à la Wartburg, en Thuringe, haut lieu de l'épopée de la Réforme. On y brûla des textes réactionnaires, des essais hostiles au militarisme et au Code civil.

Les autorités de l'État perçurent cet événement comme une remise en cause de la politique de restauration. Le chancelier autrichien Metternich accusa le grand-duc de Saxe-Weimar-Eisenach de « faire de son petit pays un foyer du jacobinisme ». En 1819, l'assassinat de l'écrivain et conseiller d'État Kotzebue, agent de Metternich, par l'étudiant Karl Ludwig Sand, fut un nouveau prétexte pour renforcer les mesures de sécurité et de répression. Une chape de plomb tomba sur les assemblées générales des universités et de la presse, des confédérations étudiantes, des associations patriotiques et même des organisations sportives. Le pouvoir viennois, encore auréolé de sa victoire sur la France, régissait son monde comme il l'entendait. En octobre 1819, les étudiants de Bonn réagirent par une retraite au flambeau. Les participants, parmi lesquels se trouvait Heinrich Heine, fêtaient le sixième anniversaire de la bataille des Nations et le deuxième anniversaire de la fête de la Wartburg en s'engageant par une sorte de « serment public » à œuvrer au « juste service de la cause de la patrie allemande ». Le désarroi avait

* Heine désigne ainsi le pouvoir clérical.

introduit quelques fibres de patriotisme mêlées à des aspirations politiques que l'on peut qualifier de républicaines. Comment aurait-il pu en être autrement avec l'évocation répétée de la Wartburg ? La petite ascension qui y mène dans une forêt de sapins drus et noirs donne la sensation de mériter pas à pas son appartenance à cet imposant capital de contestation allemande, la certitude du patriotisme s'imposant lorsque les épais murs des premières tours se font jour dans la clairière. Heine y oublia un peu de sa francophilie, tout entier à proclamer la joie qu'il ressentait devant la perception d'une force qui transcendait les doutes, eux qui ne quittaient pas son esprit depuis sa tendre enfance.

Heine cependant se fit remarquer par des contestations, relativement modérées, vis-à-vis des exigences étatiques qui n'avaient rien réussi d'autre que l'imposition de la force et de contraintes civiles à un peuple sans être parvenu à lui assurer sa personnalité et sa respectabilité. On pouvait craindre que la nation allemande ne fût pas encore née, qu'elle ne naquît jamais. Heine se contenta de proposer à l'assemblée faisant office de tribunal jugeant les princes allemands que le roi de Prusse soit « mis à la retraite ». Il sollicita d'autre part dans le futur gouvernement le poste de « censeur », c'est-à-dire une fonction d'arbitre suprême concernant les questions morales et politiques. Heine défendit aussi au sein de l'université un retour au christianisme originel qui offrait une aide fraternelle, trop négligée par les autres religions.

En 1820 et 1825, Heinrich Heine termina ses études dans les universités de Göttingen et de Berlin, « au milieu de bouffons de toutes sortes », comme il le disait lui-même. Heine devenait en fait de plus en plus récalcitrant à tout étatisme et à l'inégalité sociale qui l'accompagne. À la suite d'un duel qui l'opposa à un étudiant, Heine se trouva à Berlin pour la première fois. Il ne put retenir son admiration devant les prouesses architecturales, la prestance royale des grandes avenues et de ses immenses institutions, la force et la présence d'un souverain que traduisaient château, arsenal, nouvelle Académie des sciences, immenses espaces boisés dont celui de Tiergarten, la nouvelle église de Friedrichswerder et la Königstrasse dont le commerce semblait ne jamais s'arrêter. Cependant Heine découvrit rapidement la face cachée de la ville, qui abritait la vie banale des travailleurs des débuts de l'époque industrielle. Heine fut éprouvé en découvrant les scandales de l'insuffisance des salaires, le chômage et une misère sans pitié. Ses *Lettres de Berlin*, datées de 1822, décrivant et commentant la différence extrême entre les riches et les pauvres parurent dans le journal libéral *Reinisch-Westfälischer Anzeiger*.

Dans la capitale prussienne, Heine se fit connaître du milieu libéral du salon littéraire de Rahel et Karl August Varnhagen von Ense ; il s'entendit avec les grands auteurs, Chamisso, Fouqué, Grabbe, Hegel et Alexandre von Humboldt (le frère de Wilhelm). Heinrich Heine, instruit au contact de deux religions sans croire à l'une ou à l'autre, se convertit alors au protestantisme.

En 1825, Heinrich obtint son doctorat en droit et débuta sa relation avec Julius Campe, éditeur apprécié, auquel il confia son *Voyage dans le Harz* et ses *Tableaux de voyage*. Heine y détailla son appétit de connaître l'étranger, contracté dans la Frise orientale et stimulé en Angleterre, en Italie et de nouveau en Allemagne avec une attirance particulière pour l'île d'Helgoland. Pendant la décennie menant aux années 1830, Heinrich Heine a confirmé le talent littéraire qu'il avait commencé à exploiter avec bonheur. Il s'est voué à l'écriture pour ne plus être envahi par la tristesse de l'évolution politique.

Après ses récits de voyage, et un recueil de poèmes *Das Buch der Lieder* (1827), mine pour les musiciens compositeurs de *Lieder* comme Schumann, Schubert, Liszt et Brahms, Heine écrit *L'État actuel de la littérature en Allemagne,* une *Histoire de la religion et de la philosophie* et deux courtes épopées satiriques, *Atta Troll* (1843) et *Deutschland, ein Wintermärchen* (*L'Allemagne, conte d'hiver*, 1844). Son recueil de poésies intitulé *Romanzero* (1851) comporte trois livres, *Histoire*, *Lamentations* et *Mélodies hébraïques,* parodiant les trois temps de l'histoire que Hegel lui a enseignés à Berlin. Certains livres furent publiés en France avant de l'être en Allemagne de manière à éviter la censure. La cote de poète lyrique et de chroniqueur de

Heine s'affirma à mesure que son talent fut divulgué. On le compara à Byron et à Rousseau et sa réputation atteignit les sommets de la littérature allemande. Ses *Poèmes engagés* touchèrent Karl Marx.

Dans les années 1830, stimulé par la révolution parisienne, Heinrich Heine décida brusquement de gagner la capitale française. « Les Parisiens donnaient un si bel exemple » ; « le nom de Lafayette résonna à ses oreilles [...] retrouvant les pères qui combattaient jadis avec lui pour la liberté et l'égalité... ayant rapporté d'Amérique la déclaration des Droits de l'homme. »

Son *Annexe aux Tableaux de voyage* suscita la méfiance du ministre de l'Intérieur et de la Censure de la Prusse pour avoir évoqué qu'une « égalité citoyenne » puisse se manifester en Allemagne comme en France et que « le jour se lève » sur cette dernière. Le prétexte était trouvé. Heine rompit brusquement ses attaches et s'enfuit à Paris, « où le coq avait chanté ».

Les poèmes de Heine sont appris par cœur par de nombreux élèves en Allemagne, en France et en Europe. *La Lorelei, Les Grenadiers* me rappellent les débuts de mon apprentissage de la langue allemande. Le poème *La Vie navigante*, traduit l'état d'esprit de Heine à Paris. Il aime la France pour tous ses efforts, pas toujours réussis pour honorer les droits de l'homme, développer la démocratie et laïciser la vie sur son sol. Mais Heine garde l'Allemagne au fond de son cœur, subjugué par ce qu'elle lui a appris dans sa jeunesse.

Rires et chansons ! Les feux du ciel jouent et nous lancent
Mille rayons. L'onde balance
La barque joyeuse. J'étais à bord
Avec des amis chers, j'étais à bord insouciant

La barque s'est brisée en épaves futiles
Mes amis étaient tous de fort piètres nageurs,
Ils ont sombré là-bas, chez eux, dans la patrie,
Moi, la tempête m'a jeté aux bords de la Seine.

Je suis monté sur un nouveau bateau
Avec de nouveaux compagnons ; les flots
Inconnus me poussent, me portent, me ramènent
Qu'il est loin le pays et que le cœur me pèse !

Et ce sont de nouveau des chansons et des rires,
Le vent siffle et les planches gémissent,
Dans le ciel s'est éteinte la dernière étoile,
Que me pèse le cœur ! Le pays, qu'il est loin !

Thomas Mann

Moins d'un siècle sépare la naissance de Heinrich Heine et de Thomas Mann. Ils sont aussi cultivés et aussi férus de culture l'un que l'autre, mais adeptes de philosophies qui les opposent diamétralement. Mann est un nationaliste distingué qui ne récuse pas *a priori* le recours à la force, alors que Heine ne conçoit pas que l'accès au bonheur et le progrès de la civilisation puissent s'accomplir au mépris d'un humanisme fondamental. Thomas Mann croit en la puissance de l'Allemagne, en sa capacité à dominer le monde, si besoin par les armes, non pour s'enrichir matériellement, ce qu'il néglige, mais pour que la distinction intellectuelle allemande se répande pour le réconfort de tous ceux qui l'adoptent. Il adhère à l'idée d'une Allemagne « avant tout et avant toute chose au monde » (« *Deutschland, Deutschland über alles / über alles in der Welt* »), gardant belle et ancienne harmonie, s'exaltant dans de nobles actions, gage du bonheur, méritant que l'on travaille pour la faire resplendir. Il ne dédaigne pas l'atmosphère familiale de Lübeck, la longue chaîne de bourgeois consciencieux l'ayant produit traduisant à ses yeux les valeurs allemandes qui l'ont assisté.

Heine et Mann sont des écrivains élevés dans le droit fil de la pensée weimarienne. Ils sont doués l'un et l'autre d'un considérable talent littéraire qui ne paraît pouvoir s'exprimer que dans la mesure où il sert le paradigme des idées. Le temps semble vouloir préserver leur antagonisme qui s'est prolongé jusqu'aux premiers temps du nazisme et ressurgit épisodiquement dans des rêves régionaux contemporains. Heine a entouré son système de vie de poésie. Mann ne recule pas devant la vérité crue, sans nuance, sa civilisation reposant, sur une raison « sèche et froide, capable de vouloir imposer sa loi en peuplant des prisons », comme la désigne Jacques Brenner, présentateur français des *Considérations d'un apolitique*, grand titre de Thomas Mann.

Mann se définit précisément dans cet ouvrage, écrit pendant la Première Guerre mondiale, comme « descendant de l'art bourgeois allemand du XIXe siècle, d'Adalbert Stifter jusqu'au dernier Fontane ; ses traditions et ses penchants artistiques ayant leur source dans le monde familier de ces maîtres allemands qui le ravissent [...] parce qu'il trouve en eux le prolongement de lui-même ». Sa demeure familiale de Lübeck est confortable, centrale entre le syndicat des pêcheurs et l'école réformée ; il est fils d'un sénateur de Lübeck, descendant de plusieurs générations de Lübeckois et petit-fils par sa mère d'une créole brésilienne dont on ne parle pas trop. La fortune familiale qui n'était pas mince a décliné sous l'influence d'une forte impulsion extracommerciale ; il dut bâcler ses études pour s'installer à Munich.

Thomas Mann livra son esprit tourmenté dans son premier livre, *Les Buddenbrook*, qui reflète les valeurs et les contradictions caractérisant le climat du XXe siècle débutant, mêlant décadence et aspirations à la grandeur, spiritualité et action. La société impériale allemande y est décrite dans tous ses bouleversements, avec ses changements des rapports humains. Le pessimisme côtoie l'espérance d'une sortie du désordre. Le naturalisme est complété par une référence constante à la sociologie, à la médecine, aux arts et à la psychologie.

En 1901, année de sa parution, *Les Buddenbrook* ne pouvaient être que l'histoire de la grandeur et du déclin d'une famille bourgeoise, enrichie et mercantile dans les anciennes terres nordiques de la Hanse, mais dont la vitalité bourgeoise et la vie frugale et laborieuse déclinaient peu à peu. Neurasthénie, pessimisme paralysant et hypersensibilité délétère menaçaient ses membres, les condamnant au déclin. L'écriture traduisait l'impression que Mann avait ressentie à l'âge de 26 ans. La famille Mann n'était cependant pas engagée dans un déclin immédiat avec trois brillants écrivains, Heinrich et Klaus frère et fils de Thomas, de l'argent qui lui permettait de voyager et de passer des vacances sur la très chic et étroite dune sableuse de la Kurische Nehrung tendue sur la Baltique de Königsberg à Memel. Mais des vagues de désespoir et des tensions angoissantes se faisaient ressentir par moments. Thomas Mann, féru de musique, n'a pas su devenir chef d'orchestre comme il l'espérait. Il a choisi l'écriture, encouragé par la bonne critique des *Buddenbrook.*

Un livre d'angoisse, *La Mort à Venise*, est écrit en 1911 pendant un séjour au Grand Hôtel des Bains de Venise qu'il affectionne. Sa dépression a pour cause la mort de Richard Wagner et de Gustav Mahler, ses compositeurs préférés, l'affection pulmonaire de sa femme qui nécessite un traitement dans un sanatorium de Davos, le suicide de sa sœur Carla, la perception de son homosexualité devant le corps dénudé sur la plage d'un jeune prince polonais, et les prémices de guerre européenne.

L'écrivain Gustav Aschenbach, qui n'est autre que Thomas Mann lui-même, succombe à toutes les passions dans la chaleur fiévreuse de Venise. Sa rigueur morale s'effondre devant Tadzio, bel enfant polonais qui se révèle vite l'ange de sa mort car il succombe rapidement du typhus. « La passion, comme le crime [...] doit accueillir avec plaisir tout dérangement au mécanisme social, tout bouleversement ou fléau affligeant le monde, parce qu'elle peut avoir de vagues espoirs d'y trouver son avantage. »

La Mort à Venise reflète l'immoralisme du temps avec des analyses précises des acteurs. Plus le génie littéraire de Mann se développe, plus ses personnages gagnent en complexité, témoignant de l'immense diversité de l'allure humaine. *La Montagne magique* inspirée par la maladie de sa femme, commune à l'époque, décrit le monde clos d'un sanatorium installé en altitude dans un hôtel de luxe ensoleillé dont les seuls événements sont ceux liés à la tuberculose et à sa surveillance qui affecte et angoisse malades et médecins. La mort en vérité anime seule le temps. Son mystère la fait appréhender dans une ambiance poétique. Ceux qui s'y préparent, ou qui réussissent à l'éviter, trompent la monotonie d'une maladie chronique à laquelle seul le repos peut être opposé. Le libéral Settenbrini est sentimental et débonnaire, athée et plein d'espérance, le Juif oriental Naphta, avocat caustique mais habité d'une foi intense en l'Être suprême, redoute son destin. Des relations amoureuses s'établissent ici et là, favorisées par la vacuité des jours et des nuits. Thomas Mann excelle à fixer une physionomie ou un caractère. Il s'intéresse moins aux choses et aux décors. Il partage la délicatesse de Proust mais fut influencé par Nietzche et Schopenhauer qui y mêlent pessimisme et brutalité tragique. Il oppose l'*esprit*, qui se laisse corrompre, déséquilibrer et glisser vers l'immoralisme et la *vie* robuste qui aspire à la correction du mal.

En prenant conscience de la décadence de l'esprit humain, Mann abandonne l'attitude volontariste et la quête de puissance allemande qu'il adopta en 1914 contre la résistance de maints pays occidentaux, dont la France. Il retrouva l'ébauche de libéralisme qui lui manquait. Il reste néanmoins assez indécis : « Le principe de liberté s'est réalisé et s'est usé en cinq cents ans », écrit-il ainsi.

Mann est devenu en apparence démocrate et confiant dans la république de Weimar, tout en adhérant pleinement à la cause allemande. L'association du laxisme à la démocratie s'oppose à l'uniformité allemande venue du haut de la hiérarchie sociale. Il a donc été tenté par le nazisme comme ses amis Wagner et Nietzsche. Le bourgeois *à la française* lui paraît l'ennemi méprisable du *citoyen allemand*. Cette attitude tranche avec son roman *Altesse royale* qui fait l'éloge du monde moderne, du progrès, et de l'argent, dévoilant une certaine incohérence et démontrant surtout un pessimisme apparemment indomptable.

En 1929, Thomas Mann reçoit le prix Nobel de littérature. Son talent littéraire permet de respecter son engagement absolu pour la civilisation allemande, ce qui n'est pas toujours compris devant les excès de puissance de l'Allemagne au combat. Une clairvoyance politique a fini par prendre le dessus sur l'irrationnel. Thomas Mann finit par être sensible à l'opposition au nazisme des intellectuels qui est fortement défendue par son fils Klaus, lui aussi écrivain. Il dénonce en 1933 le nazisme auprès des grands auteurs étrangers, André Gide et Aldous Huxley en particulier. Il l'a fait avec une certaine combativité, comme si l'imminence du mal lui redonnait sa vitalité. « J'ai tenté, a-t-il reconnu, une fusion du mythe et de l'humanité, que j'estime plus riche d'avenir et plus humaine que le combat qu'il est de mode aujourd'hui de mener contre l'esprit... » Il s'agit du nazisme.

En 1935, Mann s'exile vers la France, puis la Suisse et la Californie où il est resté douze années. Il a opposé à la dénaturation hitlérienne l'image d'une Allemagne représentée par Goethe, pleine de sagesse et d'humanisme. Son *Docteur Faustus*, daté de 1947, peut être conçu comme un symbole de la déchéance hitlérienne et de la crise qui a frappé toute la civilisation occidentale.

À la fin de sa vie, Thomas Mann s'est imaginé escroc dans *Les Confessions du chevalier d'industrie Félix Krull* (1954). Son pessimisme est tenace, activé par les reproches adressés par le peuple allemand à un écrivain ayant « déserté le destin » de son pays. Le souvenir de sa défense de la brutalité commise sur la cathédrale de Reims et sur la bibliothèque de Louvain par les troupes allemandes en 1914, et de sa condamnation par Stefan Zweig et Romain Rolland, l'a obsédé lorsqu'il a réalisé la honte de cette grave spoliation.

Son frère aîné, Heinrich Mann, romancier fidèle à la tradition française du roman réaliste, auteur du *Professeur Unrat ou la Fin d'un tyran* qui inspira la réalisation du film *L'Ange bleu*, s'est opposé au nazisme dès les années 1930. Klaus Mann, fils de Thomas, ardent défenseur des droits de l'homme et écrivain inséré dans le milieu des lettres françaises, décida son père à abandonner toute complaisance vis-à-vis des nazis. On oublie difficilement en effet que son aspiration à honorer la puissance intellectuelle allemande l'a amené à prononcer des propos irrecevables, réclamant la suppression de la démocratie. La déception de s'être lourdement trompé et d'avoir contribué à mettre en place un régime criminel fut sa véritable mort.

CHAPITRE 21

De l'Allemagne scientifique

La réforme universitaire a fait de l'Allemagne un empire des lettres et des sciences que quelques chapitres ne peuvent résumer. La culture allemande progressa également rapidement dans ces deux domaines parce que la réforme le permettait et parce que les Allemands ont tendance à porter une égale attention à toutes les recherches de l'esprit avec cependant un intérêt remarquable pour celles qui semblent surtout orientées vers un dessein appliqué. Les gouvernements furent généralement favorables à l'objectif de la recherche scientifique et généreux vis-à-vis des budgets proposés par les laboratoires tout en veillant à l'intérêt des projets. D'importantes fondations privées se sont associées à l'effort gouvernemental. Cette collaboration a permis de financer des recherches paraissant ésotériques à leurs débuts. Ce fut le cas de la physique quantique que les physiciens de l'époque ne jugeaient pas toujours prioritaire. D'un autre côté, les recherches appliquées, physico-chimiques et médicales, n'ont jamais faibli.

L'extraordinaire percée de la physique quantique flotte encore dans plusieurs locaux universitaires, associant étrangement fierté et surprise de la découverte et attirance surprenante devant l'immensité de l'inconnue persistante. Deux savants allemands, Max Planck et Albert Einstein, m'ont sidéré tant par leurs découvertes que par leurs réflexions et leur comportement éthique devant l'immensité créatrice de l'esprit. Ces deux hommes permettent de douter d'une Allemagne obscurcie par le vice ou la décadence. Leur œuvre anime encore la science contemporaine, quoique devenue parfois par sa complexité, rétive à l'interrogation et à l'analyse. J'ai choisi de souligner leur originalité dans le monde de la science.

*

La recherche scientifique a naturellement souffert des guerres, mobilisation des chercheurs et orientation des recherches vers de nouveaux armements, mais elle a suscité aussi des recherches originales et pratiques dont le meilleur exemple est peut-être la mise au point de fusées et des moteurs à réaction. Nombre de savants cependant ont protesté contre le gâchis et l'immoralité des hostilités. Déjà, en 1911, le grand chimiste Emil Fischer déclara que « l'avenir ne résidait pas dans la conquête d'empires coloniaux mais dans la chimie et, avec elle, plus généralement dans toutes les sciences de la nature qui [...] offrent des perspectives illimitées ». Les prodromes de la Première Guerre mondiale stimulèrent aussi le médecin Paul Ehrlich et le chimiste Emil von Behring qui réussirent à découvrir la première molécule anti-infectieuse et encouragèrent l'industrie pharmaceutique. Les blessés de guerre purent en bénéficier. Des molécules ayant des propriétés bactériostatiques (sulfamides) furent conçues à partir de celles des colorants. Mais malheureusement, l'art de la chimie remarquablement développé dans la Ruhr a permis en 1915 une mise au point rapide de gaz de combat. Ces succès ont contrarié l'orientation pacifique des laboratoires.

Ils ont aussi prouvé le bien-fondé de l'interaction des finalités fondamentales et privées ; le savant allemand ne détesta pas d'ailleurs les allers et retours de la théorie à la pratique, ce qui fut peu fréquent dans d'autres pays. En France, les scientifiques préférèrent souvent affirmer leur attachement à des recherches théoriques qui leur paraissaient plus nobles.

La Seconde Guerre mondiale et surtout le nazisme confrontèrent la science allemande à la démence de la politique, mettant en question la fidélité traditionnelle des savants vis-à-vis du gouvernement et de la nation allemande. Il était devenu difficile, voire impossible, de satisfaire la démence d'un gouvernement par des progrès concernant l'organisation du monde dont certains devaient devenir des armes de destruction massive. Il était absurde de vouloir entraîner physique et chimie vers des avancées médicales alors que le programme nazi comportait une destruction de principe d'une part de l'humanité. Par ailleurs la rupture de l'esprit humain avec les fondements bibliques représentait une autre menace sur la compréhension de l'Univers et sur la puissance de la raison humaine, mettant en doute l'organisation profonde du monde. Un immense malaise de la science, une rupture incompréhensible et nihiliste avec une œuvre multiséculaire en résultait. L'intelligence allemande, une fois encore, a contribué à l'ambiguïté nationale.

*

L'Allemagne est devenue puissance industrielle dans la seconde moitié du XIXe siècle, lorsque l'acquisition des fondamentaux des grandes disciplines scientifiques se révéla propice au développement de la recherche appliquée et industrielle. L'ambiance générale se prêtait à cette modernité. La réorganisation de l'enseignement supérieur était achevée et de nombreux modes de pensée originaux étaient en effervescence, activés par des hommes et quelques femmes entreprenants, travailleurs, inventifs et percevant l'intérêt pratique du progrès scientifique. Le peuple avait compris qu'il en retirerait des avantages.

La compétition internationale des avancées scientifiques et du progrès fut en général forte. Toute grande nation fut tenue de s'y engager sous peine de perdre sa force et son rang. La perversité du progrès était patente car l'industrie des armements l'exigeait. La science et ses applications industrielles sont devenues patriotes. La Prusse, puissance continentale incontestée, eut dès ses premiers succès l'obligation de tenir tête aux défis de l'Occident non germanique, principalement liés à la richesse des mines anglaises, aux débouchés de l'immense empire britannique, à la main-d'œuvre infinie de la Russie et à l'inventivité française couplée à un immense appétit de revanche sur la défaite napoléonienne. Pendant la période du Vormärz (du congrès de Vienne aux révolutions de 1848), la Prusse, bien insérée dans le monde germanique, a profité du libéralisme économique puis du Zollverein (union douanière) qui lui donna un avantage définitif sur l'Autriche.

Le peuple allemand avait des atouts. Il était fier de sa germanité, vouait une fidélité aveugle à son roi devenu empereur, ne reculait pas devant le travail, souhaitait vivre dans une ambiance prospère et se méfiait de ses voisins. Les mines allemandes étaient riches, de puissants fleuves ouvraient l'Allemagne sur l'Europe et le monde, l'ordre régnait sur les chantiers et la mémoire de la réussite de la Hanse occupait encore l'esprit de ceux qui s'adonnaient au commerce. Le culte de l'éducation, non seulement scientifique, mais aussi technique et administrative, fut un facteur essentiel de réussite. La Prusse avait réussi à devenir un *Kulturstaat*.

Dès 1840, August Borsig dans son entreprise de chemins de fer institua un enseignement interne prodigué par les plus instruits. Les universités allemandes, les institutions technologiques surtout, ont tôt constitué des réservoirs de chercheurs et d'ingénieurs enthousiastes, ouverts aux industries. En 1872, l'Université de Munich disposait à elle seule davantage de chimistes qu'il n'y en avait dans toute l'Angleterre. Berlin a offert dès cette période un enseignement spécialisé dans la formation et l'entretien des entreprises. Les écoles de commerce sont apparues en Allemagne dès 1900, en même temps qu'aux États-Unis. Depuis longtemps, une association d'ingénieurs allemands, spécialisée dans le conseil, informait les industries des plus récentes et prometteuses innovations ; au sein des industries, tout laboratoire nouvellement mis en place bénéficiait des informations concernant l'état de la modernité dans son domaine. Les industriels informés des progrès scientifiques et techniques ont joui du même respect que celui qui était porté à des universitaires de haut rang. L'Allemagne parut se plaire dans les mains d'un démon industriel. Celui-ci activa en priorité le chemin de fer, la métallurgie, la construction d'automobiles et l'optique. La passion de l'industrie a résisté à la défaite de 1918 et à la déroute complète qui a suivi le nazisme et la Seconde Guerre mondiale. Des efforts considérables sont parvenus à reproduire une recherche de très haut niveau et une industrie florissante dans une ambiance pacifique et démocratique. La plupart des options de la modernité scientifique en ont bénéficié et l'histoire des sciences s'est enrichie de leurs combats intellectuels et de leurs succès. Chacune représente une nouvelle épopée.

Aucune ne perpétue cependant l'enthousiasme qui suivit à la charnière des deux derniers siècles la fabuleuse réussite de la physicochimie théorique qui parvint à analyser et à comprendre la structure invisible de la nature. La science réussit alors à découvrir la structure intime de la matière sans la voir. Des laboratoires occidentaux qui participèrent à cette somptueuse aventure furent développés avec succès dans plusieurs pays occidentaux, dont la Grande-Bretagne, les États-Unis, les pays scandinaves et la France. Mais l'Allemagne, par l'originalité et l'importance des résultats, prit une importance incontestée dans la course aux prix Nobel. Ses savants entrèrent dans une légende qui contribua beaucoup au prestige de la nation. La chimie allemande, avec August Wilhelm Hofmann, Emil Fisher, Fritz Haber et une pléiade de prix Nobel, déferla sur toutes les disciplines.

Max Planck et Albert Einstein furent tôt persuadés du changement de paradigme d'une industrie ayant drastiquement acquis une nouvelle dimension et mis en défaut les principes physiques et moraux tenus jusque-là comme responsables de l'organisation de l'univers. La césure entre un monde déchiffrable et un univers dont la compréhension et l'utilisation exigent une approche totalement inédite était patente. Ils ont averti l'humanité qu'elle avait déclenché une nouvelle révolution touchant les dogmes essentiels. L'Allemagne y a fortement concouru.

Max Planck

En octobre 1900, Max Planck, physicien de l'Université de Berlin, pouvait être comparé à un nouveau dieu. Il venait d'infirmer la continuité des radiations électromagnétiques formulée par Newton et de confirmer que le monde microscopique se compose de particules se propageant par paquets, par *quanta*, pour transmettre énergie et matière selon les lois d'un rayonnement distinctes de celles qui dirigent la physique classique, mécanique, électromagnétisme et thermodynamique.

L'œuvre de Max Planck fait rêver par son originalité et sa perspicacité. Il fut un excellent musicien comme Einstein et nombre de scientifiques de haut niveau. Mais la physique et les mathématiques l'ont séduit dès son inscription en 1874 à l'Université de Munich. Il s'est rendu ensuite à Berlin où il s'est lié d'amitié avec le mathématicien Carl Runge et le physicien Heinrich Hertz qui s'illustra dans le domaine de l'électrodynamique. Max Planck a reçu l'enseignement de Helmholtz et de Kirchhoff. La physique théorique ne passionnait alors pas grand monde en Allemagne. Il se lança seul dans la thermodynamique en lisant Clausius qui l'avait inaugurée presque un demi-siècle plus tôt. Son recrutement à l'Université de Kiel fut facilité par Friedrich Althoff. Planck a terminé son doctorat de physique en 1879. Il fut nommé professeur de physique de l'Université de Kiel en 1885. Quatre ans plus tard, l'Université de Berlin le réclama. C'est à Berlin qu'il découvre les particularités des corps noirs et qu'il propose sa loi du rayonnement électromagnétique. Il a conscience de son importance. Cet homme discret, voire effacé, aurait cependant dit à son jeune fils Erwin qu'elle a la même importance que celle de Newton en mécanique conventionnelle et que les quantités élémentaires forment un monde à part. Les applications de la physique quantique concernent les technologies modernes de l'information et de la communication.

Max Planck ne fut guère épargné par son siècle. La Première Guerre mondiale lui retira son fils aîné, tombé à Verdun. Les suites furent aussi difficiles. L'Université de Berlin en pleine croissance, ayant acquis une forte réputation internationale, réclamait beaucoup d'efforts. Il fallait être à la hauteur du prestige dont jouissaient alors la science et l'enseignement. Le gouvernement wilhelmien avait compris que la recherche fondamentale, indispensable, garantissait prestige national, progrès économique et puissance militaire. Les résistances au développement de la science n'ont cependant pas été exceptionnelles. Les physiciens ont dû justifier leur position onéreuse. Leur survie a reposé sur leur union et sur Max Planck, exemplaire de dévotion à une science pure, devenu un emblème de la vie scientifique et intellectuelle. Il accepta les honneurs universitaires avec le surcroît de travail qui en dépend. Il devint secrétaire perpétuel du collège de physique et de mathématiques de l'Académie des sciences (l'un des postes les plus influents de la science allemande) et recteur de l'Université de Berlin.

Max Planck a symbolisé la puissance de la science, la conscience du savant, le dévouement à l'université et un authentique patriotisme. Il fut révolutionnaire dans ses jugements scientifiques mais loyaux vis-à-vis de l'État et de son souverain. Par son influence, Max Planck a contribué au développement de sa discipline, la physique théorique, à la promotion de la science, et à réunir des scientifiques comptant parmi les meilleurs du monde, ce qui avec les personnalités de Haber, Ehrlich et Harnack n'était pas une mince affaire. L'attribution d'un prix Nobel en 1919 a conforté son prestige scientifique.

À partir de 1905, et largement grâce à ses efforts, comme l'a dit Arnold Sommerfeld, directeur de l'institut de physique théorique de Berlin, « la physique allemande est entrée dans son âge d'or ». L'éthique de Max Planck a contribué à ce succès. Le respect d'autrui fut fondamental : il était indifférent aux caractères raciaux et religieux et a reconnu le droit des femmes à partager la carrière universitaire : Lise Meitner est devenue son assistante en 1912. Planck n'a jamais renié sa philosophie : « La plus noble mais aussi la plus caractéristique des implications morales de la science est sans doute la vérité qui, à travers le sens des responsabilités, conduit à la liberté intérieure. » En 1895, le ministère prussien exigea qu'une procédure universitaire soit engagée à l'encontre du Juif Leo Arons, maître de conférences en physique, en raison de ses activités au sein du parti social-démocrate ; Planck, accompagné de deux historiens, le libéral Mommsen et le très conservateur Heinrich von Treitschke, refusa d'appuyer sa condamnation qui ne respectait pas le principe de l'autonomie des universités.

Max Planck est resté modeste, sans s'émouvoir des horizons vertigineux auxquels sa recherche pouvait mener. Il n'a eu, selon Einstein, que « le désir de percevoir l'harmonie préétablie. La quête de l'absolu et l'angoisse religieuse étaient chez lui étroitement liées ; il n'appartenait à aucune Église mais était profondément religieux ». Max Planck a cru que la pureté de ses engagements suffisait à le protéger. Il n'a pas pris une position claire vis-à-vis du régime hitlérien. Il n'a pas su faire la part entre une dictature abjecte, barbare et dépourvue de scrupules, et la monarchie représentative d'une histoire, d'une culture et d'une nation. La Seconde Guerre mondiale fut son calvaire. Il a reconnu sa faute en juin 1943 auprès de la physicienne Lise Meitner exilée à Stockholm pour se préserver de l'antisémitisme hitlérien : « Nous avons commis des choses terrifiantes », a-t-il alors déclaré. Il avait cependant manifesté sa rectitude morale en défendant sans limite son ami juif Einstein contre les menaces nazies et en adhérant à la théorie de la relativité dès 1905. Il a dignement accepté la corrcction apportée par Einstein à sa formule du rayonnement électromagnétique : l'idée de phénomènes quantiques était juste mais le calcul de sa constante universelle n'était pas parfait. Il a qualifié les nazis de « racaille » et de « gang d'assassins », mais son accaparement par la science l'a empêché d'intervenir davantage. Il semble avoir voulu protéger l'activité scientifique plus que la vie humaine. Il s'est plusieurs fois comporté comme un Allemand respectueux de la tradition monarchique et gouvernementale. Max Planck a cosigné le Manifeste des 93 qui récusait toute responsabilité des Allemands dans le déclenchement de la guerre, justifiait la violation de la neutralité belge, réfutait les atrocités attribuées aux troupes du Kaiser et proclamait que le militarisme s'identifie avec la culture allemande. En 1918, Planck évoquait encore « sa dévotion à la couronne et sa constante loyauté envers l'État » ; il n'a pas apprécié la venue de la république de Weimar. Il n'a pas eu la volonté démocratique d'un Max Delbrück, physicien et biologiste, ou d'un Walter Rathenau.

La fin de la guerre lui fut terrible. Un bombardement détruisit sa maison berlinoise. Son fils Erwin, qui avait démissionné de son poste de secrétaire d'État à la chancellerie du Reich, fut arrêté et condamné à mort par le Tribunal du peuple présidé par le juge nazi Roland Freisler. Max Planck a tenté sans aucune chance de réussite de sauver ce fils, qui était le second que lui retirait la guerre.

Laissons conclure l'historien Fritz Stern : « Par sa rectitude, par ses succès, par ses sacrifices, par ses phases de flottement politique, Max Planck apparaît dans l'histoire européenne comme un pur produit de l'Allemagne. Il fut un patriote convaincu de la nécessité absolue d'une coopération internationale. En 1946, il est le seul Allemand invité par la Royal Society britannique au tricentenaire de la naissance de Newton. Il contribua à la restauration de la société Kaiser Wilhelm qui porte maintenant son nom qui dans le monde entier est un gage d'intégrité dans la recherche scientifique. »

Albert Einstein

À l'école communale d'Ulm, Albert Einstein ne compte pas parmi les meilleurs. Il n'a parlé couramment qu'à l'âge de 7 ans, donnant l'impression de devoir apprendre par cœur ce qu'il voulait exprimer, comme s'il mettait en jeu une certaine « méticulosité de sa pensée ». Au Luitpold Gymnasium de Munich, il conteste l'autorité de ses maîtres. Il n'a pas d'ami, et attribue son isolement à l'antisémitisme, perceptible dès les petites classes. L'enfant Einstein est heureusement bien meilleur chez lui, enchanté de ressasser les mathématiques apprises au lycée et de les dépasser en s'attelant seul aux chapitres les plus difficiles du calcul différentiel, seul domaine d'intérêt, selon lui, et infiniment plus tentants que les éléments de culture hébraïque reçus d'amis de la famille dont il interrompt vite l'apprentissage. Il a détesté la rigueur du lycée de Munich et la gestion de l'école à la prussienne, la transformant en véritable caserne. Il s'est insurgé ouvertement contre une ambiance qui « engendre des sujets serviles ». L'idée de subir la discipline de fer de l'armée allemande le terrifie et il la fuit en tentant d'être admis au Polytechnikum de Zurich. Mais il échoue à l'examen d'entrée, trop faible dans les matières littéraires. Ses connaissances scientifiques lui permettent cependant d'être admis dans le lycée cantonal d'Aurau, une localité proche de Zurich dont il apprécie « l'esprit libéral et sans affectation des professeurs suisses ».

Il se remet alors à jouer du violon, regrette le mauvais sort qui s'est abattu sur le commerce paternel, se lie avec quelques enfants de son âge et subit les premiers tourments des relations amoureuses. En septembre 1896, Einstein réussit l'examen d'entrée au Polytechnikum et s'installe à Zurich. Il a été admis comme étudiant à l'Institut de formation des professeurs de sciences et vise l'obtention d'un diplôme permettant d'enseigner les mathématiques et la physique dans un établissement secondaire. Einstein a été content de ses maîtres et apprend « à percevoir ce qui permet d'aller au fond des choses et surtout à renoncer à tout le reste, à tout ce qui occupe l'esprit et détourne de l'essentiel ». Il a dévoré les derniers ouvrages de physique à la mode et découvert la géométrie non euclidienne auprès d'amis mathématiciens. Mais sa thèse de doctorat en juillet 1900 a été critiquée dans sa première rédaction. Il eut des difficultés à trouver un emploi à la sortie de l'école et se contenta d'un poste d'expert technique de troisième classe à l'Office des brevets suisse de Berne. Il s'est plu dans cette ville tranquille qui lui permit de réfléchir et de marcher dans les rues avec les pantoufles brodées qu'il oubliait de retirer. La théorie des gaz de Hermann Helmholtz, l'électrodynamique de Walther Nernst et la mécanique d'Ernst Mach, qui l'avait séduit lorsqu'il était à Zurich, lui deviennent alors familières. Einstein a aussi été intéressé par la rencontre de gens éminents, parmi lesquels le philosophe Maurice Solovine et le mathématicien Conrad Habicht, et fait partie de l'académie Olympia qui accueillait l'intelligentsia cultivée de la ville, et les participants des congrès du mouvement sioniste qui s'y réunissaient régulièrement. Einstein a été séduit par les plus engagés dans la lutte des classes, Lénine, Trotski, Rosa Luxemburg, Alexandra Kollontay et Florence Kelley qui l'inspirèrent. Il fut même heureux en ménage, s'étant marié avec Mileva Marie, une Serbe de Hongrie, malgré la médiocrité de sa culture. « Le mariage, a-t-il dit, est la tentative malheureuse de faire quelque chose de durable. » La naissance de Hans Albert Einstein a cependant comblé le foyer. En 1896, Albert Einstein, pour la somme de 3 marks a abandonné sa citoyenneté allemande pour la nationalité suisse qui le met à l'abri d'un service militaire.

« Il avait le don de voir derrière des faits anodins et bien connus un sens qui a échappé à tout le monde », s'est rappelé son ami le physicien quantique Max Born, futur prix Nobel. La physique à laquelle s'intéresse Einstein pendant le temps libre laissé par l'Office des brevets, est particulaire. La mécanique classique avait atteint en France ses dernières limites avec Henri Poincaré ; James Clerk

Maxwell et Heinrich Hertz avaient unifié l'électricité, le magnétisme et la lumière ; le mouvement électromagnétique était considéré comme ondulatoire. Mais la physique atomique était encore à l'état de balbutiements, certains physiciens doutant même de l'existence des atomes.

Quatre articles, écrits par Einstein sans aucune assistance sur l'étroite table de son bureau de l'administration suisse, furent soumis entre le 18 mars et le 30 juin 1895 à l'illustre revue de physique allemande, *Annalen den Physik*. Ils rapportent ses conceptions concernant la génération et la transformation de la lumière, la théorie du mouvement brownien, l'effet photoélectrique et la relativité restreinte. Le quatrième titre est, selon Einstein, une ébauche de « l'électrodynamique des corps en mouvement qui emploie une modification de la théorie de l'espace et du temps », autrement dit une ébauche du principe de la relativité. Einstein a initialement jugé que son œuvre sur la lumière est la plus importante. Non seulement les échanges entre lumière et matière se font de manière discontinue, par paquets élémentaires, mais le rayonnement lui-même est formé de grains élémentaires d'énergie, des *Lichtquanten*. La terminologie quantique (exprimant des points matériels d'énergie) vaut pour le rayonnement lumineux comme pour le rayonnement thermique. Mais que faire alors de la théorie ondulatoire de la lumière dont le succès est immense ? Einstein répond : « La prochaine étape du développement de la physique théorique nous fournira une théorie de la lumière que l'on pourra interpréter comme une sorte de fusion de la théorie ondulatoire et de la théorie de l'émission de la lumière. »

Albert Einstein est apparu soudainement comme un savant original. La nature ondulatoire de la lumière était acceptée depuis une cinquantaine d'années mais Einstein soutient que ses ondes sont aussi constituées de particules spéciales, les *quanta*. La lumière et l'ensemble du rayonnement électromagnétique lui semblent représentés par un nombre infini de quanta d'énergie localisés en des points de l'espace qui se déplacent sans se dissocier.

La relativité restreinte d'Einstein, découverte lors de ces études quantiques, a jeté un grand émoi dans le cercle des meilleurs physiciens. Max Planck, très admiratif, déclare que « ce principe n'est comparable qu'à la révolution provoquée dans la physique par l'introduction d'un système copernicien dans le monde ». Petit à petit, des exemples de relativité se sont fait jour dans des circonstances extrêmes de la vie courante, familiarisant en quelque sorte l'œuvre einsteinienne. Einstein a aussi simplifié son travail en démontrant que si un corps libère une certaine quantité d'énergie sous forme de lumière, sa masse diminue en fonction de la fameuse équation $E = mc^2$ (E correspond à l'énergie, m à la masse et c à la vitesse). La matière, atomes, mouvements moléculaires, effet photoélectrique lumière, peut être dorénavant envisagée comme composée d'ondes et/ou d'éléments discontinus ; elle est dualité d'ondes et de particules, éblouissante mais représentable.

Le destin d'Einstein a alors changé. L'Université de Berlin l'invite et une école de fidèles admirateurs se forme en Allemagne sous l'impulsion des scientifiques Lenard, Starck, Wien et von Laue. L'Université de Berne lui accorde une chaire de physique théorique. Zurich en fait autant. Franz Openheim, directeur d'une fabrique de colorants, lié à tout le Berlin scientifique, lui offre anonymement 5 000 marks pour poursuivre sa recherche. Prague lui rend aussi des honneurs universitaires. Ses recherches ont abouti en 1916 à la théorie de la relativité générale qui a été vérifiée par la déviation des rayons lumineux autour d'une masse lors d'une éclipse solaire en 1919. Einstein a alors introduit la notion d'émission stimulée qui confirme la loi de Planck à partir d'hypothèses purement quantiques qui ont permis ensuite le développement du laser. Il a participé ouvertement aux critiques concernant le mécanisme quantique et a fait face à ses détracteurs, Niels Bohr et Werner Heisenberg, qui lui reprochaient son indéterminisme. Einstein a répondu par sa croyance en la main de Dieu : « Mais Dieu ne joue pas aux dés ! » (« *Gott würfelt nicht* »).

En octobre 1910, l'empereur Guillaume II crée une fondation destinée à promouvoir la recherche fondamentale. Le premier institut de cette Fondation Kaiser Wilhelm fut consacré à la chimie physique et confié à la direction de Fritz Haber, remarquable en la matière. En 1913, un Institut Kaiser Wilhelm de physique théorique fut créé pour Einstein. Celui-ci devient en même temps membre de l'Académie des sciences et professeur d'université sans charge d'enseignement, ce qui lui permet de poursuivre sa recherche dans des conditions favorables.

Dès le début de la Grande Guerre, il se range dans le camp des pacifistes. Sa nationalité première, allemande, lui a alors pesé ; il a trouvé un réconfort dans sa judaïté, étroitement associée à un pacifisme universel, quitte à se brouiller avec des collègues scientifiques éminents mais fiers de leur nationalité allemande. Il collabore avec des amis intellectuels de tous pays et de toutes tendances, dans la mesure où ils étaient des pacifistes déclarés. Il a profondément souffert du conflit mondial, d'autant plus qu'il divorçait en même temps de sa deuxième femme et que ses deux garçons s'étaient éloignés de lui. Tout au long de la guerre, Einstein s'est considéré davantage comme un internationaliste que comme un citoyen allemand. La paix a été une délivrance. Le grand savant juif est redevenu un génie universel fêté et reconnu par les récompenses les plus prestigieuses : prix Nobel de physique en 1921, médaille Max Planck et médaille Copley. Il fut invité au Collège de France malgré les difficultés à oublier qu'il était allemand de naissance. Ce bonheur ne dura pas : dès 1920, son cours universitaire à Berlin fut interdit par l'antisémitisme ambiant. Il a alors pensé quitter Berlin. D'éminents physiciens allemands l'ont soutenu. En 1933, sa revendication d'être juif, humaniste, antimilitariste, et forcément antinazi, n'était pas compatible avec les principes du gouvernement hitlérien. Il quitta l'Allemagne sous la protection de la reine Élisabeth de Belgique et vécut la guerre au sein de l'Université de Princeton. Pendant la guerre, il est intervenu plusieurs fois après du président Roosevelt pour le dissuader de recourir à l'arme atomique ; après les hostilités, il a évoqué son pacifisme pour justifier ses réticences vis-à-vis de l'État d'Israël. Pendant la guerre froide, avec Bertrand Russell et Joseph Rotblat, Einstein a appelé les scientifiques et les dirigeants politiques à faire preuve de responsabilité. Son humanisme ne pouvait accepter le recours à l'arme atomique.

*

Ces deux savants, Planck et Einstein, furent les grands témoins de la science physique allemande et des problèmes qu'elle a subis ou causés. Leur œuvre a stimulé des hommes et des femmes par centaines, qui connurent des joies et des angoisses similaires. Un livre entier leur est nécessaire : de nombreuses applications du XXIe siècle leur sont dues dans le monde entier grâce aux progrès de la diffusion des technologiques. De nouvelles interrogations apparaissent à mesure que les innovations progressent. Certaines compromettent la personne humaine et renouvellent l'éthique. Elles grèvent particulièrement les sciences humaines, comme l'indiquent les prochains chapitres. Elles contentent de nouveaux Faust. L'Allemagne a retrouvé toutes ses racines et potentialités en grande partie à partir de la physique théorique et corpusculaire.

CHAPITRE 22

Médecine berlinoise

La médecine est longtemps restée un art. Dans tout l'Occident, la transition des hypothèses, des intuitions, des fausses interprétations et des observations erronées en une science du Vivant inspirée par des technologies rationnelles, a été très lente. L'Allemagne n'a pas pu, comme toute autre nation, éluder cette difficulté. Pouvait-il en être autrement dans un pays profondément épris de spiritualisme et d'idéalisme ?

D'ailleurs, le grand maître de l'Allemagne, Emmanuel Kant, approuvait encore en 1790 le vitalisme intégral du naturaliste Johannes Friedrich Blumenbach qu'il avait énoncé dans son livre *Über den Bildungsbetrieb* (« Sur la formation de la nature »).

Kant sembla même encore plus radical dans sa propre *Critique de la faculté de juger* : « Il [le dénommé Blumenbach] déclare à bon droit absurde que la matière brute se soit formée originairement d'elle-même d'après les lois mécaniques, que la vie ait pu jaillir de la nature de ce qui est inanimé, et que la matière ait pu prendre la forme d'une finalité se conservant d'elle-même. » Vingt années plus tard, Hegel, autre lumière universitaire, appuie encore la philosophie de la nature malgré le développement de la science du Vivant. L'idéalisme aurait pu retarder encore davantage le progrès scientifique de la médecine outre-Rhin. Mais l'éclosion du génie médical s'y est accomplie avec rapidité et une grande puissance. Il a d'abord été aidé par l'expérience des soins prodigués dans les institutions de bienfaisance huguenotes développées à Berlin, qui pouvaient faire état de quelques succès obtenus par une chirurgie et des prescriptions organiques immatures. Le développement de la médecine a été favorisé par une organisation et une force centralisatrice, inattendues dans un pays dont l'histoire générale a toujours été imprégnée de fédéralisme et surtout, dès le XVIIIe siècle, par de remarquables avancées de connaissances fondamentales, chimiques et physiques. Tout aussi important fut le développement simultané d'une méthode rationnelle de la recherche du Vivant. Le travail, la dévotion à la patrie, la science, et la protection des scientifiques ont constitué une excellente ambiance préférant le soi-disant rationnel à l'indéterminisme de la paramédecine, qui conforta une médecine d'allure réfléchie à prendre librement son essor.

La Charité, début d'une médecine scientifique

La médecine allemande n'a pas uniquement progressé à coups d'équations, de formules et d'appareils qui se rient de la sensibilité et de l'humanité de ceux qui soignent et des réactions du patient. La médecine est restée humaine, a su garder son âme, en exigeant chaque fois que cela fut possible son adaptation aux infinies variations individuelles de ceux qui la reçoivent. Par ailleurs maints savants allemands ont su garder leur humilité devant les choses de la vie. Les physiologistes Hermann von Helmholtz et Emil du Bois-Reymond assimilèrent la conduction nerveuse à un courant électrique, évoquant une certaine équivalence entre un phénomène physique et la pensée, tout en réalisant pleinement que certaines vérités de l'âme humaine seront à jamais inaccessibles à l'investigation du chercheur. De la même manière, l'éminent professeur Rudolf Virchow réalisa dans les années 1850 que la médecine devait être enrichie par une action médico-sociale comportant une assistance humanitaire.

La médecine allemande fut initialement activée par une épidémie de peste qui avait dépassé les capacités sanitaires et humanitaires de la ville de Berlin. Frédéric-Guillaume Ier, dit le Roi-Sergent, sur la recommandation de son chirurgien Christian Habermass, signe en janvier 1727 la fondation de « l'hôpital et du Lazaret de la tour de Spandau » pouvant hospitaliser deux cents malades ; il était doublé d'une maison pour les pauvres, les orphelins et les femmes seules. Il fut admis, dès ses débuts, que le nouvel hôpital pourrait servir aussi de lieu d'enseignement. Le roi l'appela « Charité », lui donnant un nom d'usage courant dans une ville ayant accepté l'influence des huguenots parlant français. Les premiers médecins, sous l'égide d'un Collegium medico-chirurgicum, n'hésitèrent pas, les Lumières aidant, à s'aventurer dans les tentatives les plus récentes de leur art et à s'emparer des nouveautés paraissant dignes d'intérêt. Le premier médecin hospitalier fut Christoph Wilhelm Hufeland, brillant praticien de Weimar, appelé à Berlin pour cumuler les responsabilités de médecin du roi, de doyen de la Charité et de responsable d'une médecine de progrès.

Ses premiers collaborateurs furent Johann Christian Reil pour la médecine et Carl Ferdinand von Graefe pour la chirurgie auxquels s'associèrent rapidement des cliniciens internistes (Goerke, chargé de la médecine militaire, Horn, Schönlein, Traube), des chirurgiens (Kohlrausch, Rudolphi), et le physiologiste Johannes Müller, qui fut un grand avocat de l'interaction des sciences exactes et de la clinique, introduisant, entre autres dans la pratique quotidienne, l'usage du microscope. Ces hommes sont parvenus à force de travail et d'attention à prodiguer les meilleurs soins possibles en cette époque, suivre les progrès de leurs disciplines et y contribuer, en ajustant leur art à une demande croissante ; ils modernisèrent les installations dont ils disposaient, et assurèrent l'enseignement des diverses disciplines médicales à des étudiants exigeants. Ils ont créé le précurseur des hôpitaux universitaires modernes.

À l'orée du XIXe siècle, le diagnostic et les soins, devenus des objectifs souvent réalistes, ont exigé une pratique réglée et reproductible, susceptible d'être enseignée. Ces progrès tangibles ont commencé à faire de la médecine une discipline scientifique à part entière tout en reconnaissant les infinies subtilités de son objet, la transition du pathologique au normal, qui sont liées au polymorphisme du mal. La réforme universitaire de la Prusse, décrétée en 1809, fut concomitante des premiers signes de ce tournant de la médecine. L'insistance des médecins a fait le reste pour que la Charité, grand hôpital d'une capitale qui a réformé l'enseignement, devienne, outre son activité clinique, un centre d'instruction dépendant de la nouvelle université berlinoise.

La Prusse a remarquablement su réparer la défaite écrasante que lui firent subir les Français en 1806. Elle a contribué à la bataille des Nations de Leipzig en octobre 1810, qui a chassé Napoléon hors du territoire germanique et les capitulations suivantes de l'empereur français ont redonné à la Prusse sa fierté et sa place parmi les grandes nations européennes que les nationalismes et les hésitations politiques lui avaient ravie.

Les nouvelles constructions de la Charité, la réforme des études médicales dirigée par des médecins universitaires intégrés dans l'activité clinique de l'hôpital, la venue de nouveaux maîtres, l'amorce d'un renouveau de la clinique et de quelques progrès thérapeutiques, ont alors constitué les espérances d'un nouveau monde en paix. Les équipes médico-chirurgicales de la Charité se sont rapidement situées à la pointe du progrès.

Leur première grande avancée fut la négation du vitalisme. Cette théorie, dérivée en partie des recherches de Descartes, consiste à faire de la vie le résultat d'un principe particulier qui fut ensuite dénommé « dynamique active » par Leibniz puis « force formatrice » par Kant, qui ne pouvaient accepter que le Vivant se réduise à une machine.

La vie devait, selon eux, être considérée comme un principe actif capable de s'opposer à la mort et à la dégradation du corps. Nombre de médecins et de biologistes ont ensuite conservé cette interprétation, défendue par plusieurs phénomènes qui ne pouvaient recevoir d'autre explication. La chimie avait montré que la matière vivante peut se résoudre en composants chimiques organiques élémentaires sous l'effet de certaines manipulations, mais il semblait impossible de reconstituer un être vivant à partir de ceux-ci. La persistance pendant un certain temps de contractions spontanées dans un organe isolé du corps, intestin et muscle strié, ne traduisait-elle pas la persistance d'un principe générateur de vie ? La régénérescence des tissus lésés et la division cellulaire n'impliquaient-elles pas l'intervention de ce même principe ?

Le vitalisme a été accepté comme un dogme par des médecins qui surent le transmettre avec conviction, en Allemagne par Georg Ernst Stahl (1660-1734) et en France par Xavier Bichat (1771-1802). Le premier était le médecin personnel du Grand Électeur Frédéric-Guillaume de Prusse et partisan de l'intervention d'une âme métaphysique dans l'apparition de la vie, tandis que le Français croyait dans un principe vital mais n'en expliquait pas l'action, faisant simplement de la vie « l'ensemble des fonctions qui résistent à la mort ».

Johannes Müller (1801-1858), dans son laboratoire d'anatomie et de physiologie de la Charité, a tenté de trouver une explication scientifique au mécanisme vital qu'il qualifie toujours comme une « force vitale » (*Lebenskraft*). Il l'a identifié comme le pouvoir téléonomique, structurant l'organique en lui apportant la vie, ce qui n'avançait pas beaucoup la compréhension du phénomène. Il n'était pas prudent en ce temps de se montrer trop matérialiste au sein d'une université qui persistait dans ses croyances religieuses malgré l'affichage d'un certain libéralisme. Une interrogation sur Dieu se levait. Mais les élèves de Müller, du Bois-Reymond et Helmholtz ne suivirent pas leur maître sur ce point. Helmholtz a produit un *Mémoire sur la conservation de la force* résumant ses expériences et démontrant, qu'« il n'est pas nécessaire de postuler l'intervention d'un principe métaphysique dans un monde vivant dont la cohérence et le dynamisme s'expliquent clairement sur la base de processus physico-chimiques ». La contraction d'un muscle isolé de grenouille lui a servi de modèle expérimental : celle-ci lui sembla relever de la transformation chimique de composés présents dans le muscle et, en particulier, le dégagement de chaleur pendant la contraction étant due à la combustion de substances situées dans le muscle lui-même. La clé de la physiologie reposait donc dans l'analyse chimique et non dans des hypothèses philosophiques invérifiables. Pour Bois-Reymond, fondateur de l'électrophysiologie, l'électricité produite par le Vivant s'imposait aussi face aux conceptions métaphysiques. L'école de Berlin a ainsi définitivement orienté la recherche physiologique et médicale vers une analyse exclusivement matérialiste, physico-chimique, de l'organique.

La pratique clinique s'est enrichie d'autres progrès, qui transformèrent la routine. La première réussite de la prévention a concerné la variole, réalisée par la vaccination, ainsi que l'a montré le médecin britannique Jenner. Les vaccinations préventives des membres de la famille royale anglaise ont facilité la diffusion du procédé et son application à Berlin. Le roi Frédéric-Guillaume III avait des relations étroites avec les médecins de la Charité et appuyait leurs efforts. Les chirurgiens de la Charité se sont servis des dernières avancées anatomiques pour mieux traiter des plaies et perfectionner les techniques opératoires des trachéotomies et de certaines amputations. L'anesthésie à l'éther est entrée en pratique, ce composé volatil étant dilué avec de l'éthanol ou du diéthylester ; ses inconvénients étaient considérables, mais elle a permis de supporter quelques grands délabrements chirurgicaux. Le médecin Friedrich Hoffmann de Halle fut un grand spécialiste de l'anesthésie à l'éther à ses débuts. Celle-ci changea radicalement la chirurgie. Une parfaite connaissance de l'anatomie telle qu'elle était enseignée dans l'amphithéâtre de la Charité s'est avérée nécessaire, mais non suffisante pour une parfaite chirurgie. L'habileté, la vitesse opératoire comptaient aussi pour beaucoup en un temps où le seul procédé permettant d'alléger les souffrances était la rapidité du geste chirurgical. Le chirurgien Johann Friedrich Dieffenbach (1792-1847) fut éblouissant par l'habileté de ses gestes et sa chirurgie réglée, qui lui a permis d'entreprendre une délicate réparation esthétique du visage : il a développé à l'appui de trois mille opérations les bases de la chirurgie plastique (reconstructions et greffes cutanées). Il a permis à l'école de chirurgie de la Charité de se concentrer sur le perfectionnement de l'acte opératoire proprement dit. Les chirurgiens Bernhard von Langenbeck (1810-1887), Ernst von Bergmann (1836-1907) et le gynécologue obstétricien Ernst Bumm (1858-1925), suivant ses conseils, se sont voués à la découverte de voies de dissection originales, à la mise au point de nouveaux instruments et aux tentatives d'antisepsie. Ils se sont aussi penchés sur l'analyse précise des échecs chirurgicaux et aux premiers soins du « choc chirurgical », tel qu'on le qualifia plus tard. Ils ont fait en sorte que la chirurgie devienne une affaire académique.

Dès les premières décennies du XIXe siècle, la médecine prodiguée à la Charité acquit l'évidence d'une médecine scientifique, fondée sur une analyse physico-chimique du Vivant et du pathologique et sur des thérapeutiques rationnelles corrigeant les désordres au niveau des tissus lésés. En 1843, Virchow évoqua même la création d'une nouvelle discipline intitulée « pathologie cellulaire ». Les salles d'hospitalisation ressemblèrent alors à des laboratoires de médecine expérimentale. Des appareils de contrôle des paramètres physiologiques côtoyaient les lits de malade. Des courbes du pouls, de la respiration et de la fièvre, développées en fonction du temps, avaient fait une apparition systématique. La kymographie a donné des leçons à la clinique permettant de prévoir la « crise » mettant fin à un épisode fébrile, et dans une certaine mesure la gravité de l'infection. La force et la forme de l'onde pulsatile contribuaient aussi au diagnostic. Le pli de la peau donnait quelque indication sur l'hydratation du malade et ses besoins en eau.

Les médecins de l'hôpital de la Charité étaient certains de percer le mystère du Vivant et d'éradiquer les maladies courantes. Ils étaient les héros des temps modernes qui profitaient des épisodes de paix internationale pour construire leur profession, toujours en quête d'amélioration. Même les psychiatres, derrière Wilhelm Griesinger (1827-1868), pensaient pouvoir percer les mystères du cerveau humain. La médecine allemande s'était débarrassée du mal parisien consistant à invoquer des forces vitales mystérieuses et invincibles, telle la mise en jeu de forces obscures dans la genèse des maladies. Claude Bernard était le seul qui, à Paris, avait les pieds sur terre et qui valait la peine d'être lu. Les Broussais, Bichat et autres vitalistes responsables de l'Hôpital parisien n'étaient que des doux rêveurs, des imaginatifs persuadés de la vérité de leurs délires. Les médecins de la Charité avaient une foi illimitée dans la perfection de la science empirique ou positive. Au quarantième Congrès des naturalistes et médecins allemands en 1865, Rudolf Virchow martela cette confiance : « Pour nous, la science est devenue une religion. » Il répéta en 1873 : « Nous aussi, nous avons une croyance : la foi dans le progrès et notre connaissance de la vérité. » Emil du Bois-Reymond parlait de la science comme un « conquérant du monde en [son] temps ».

Charité avait réussi à vaincre un autre mal, allemand celui-ci, qui eut pour nom la *Naturphilosophie*. Ce mouvement de pensée, élaboré par Friedrich Wilhelm von Schelling, soutenait que la nature pouvait être animée par un esprit se laissant seulement appréhender de façon globale, intuitive et quantitative. Ce philosophe prétendait que « le but de la science n'était pas de décrire les productions de la nature, mais de les reconstruire *a posteriori* par une approche théorique dans laquelle la nature est considérée comme activité incessante et productrice ». Cette obscurité prolongeait celle de nombreux écrivains, populaires depuis des siècles en Allemagne, tels Paracelse (1493-1541), Maître Eckhart (1250-1327), plus récemment Jakob Böhme (1575-1624) et Friedrich Christoph Oetinger (1702-1782).

En Allemagne, les philosophes se sont longtemps mêlés aux médecins pour discuter des rapports de la nature et de Dieu ; un grand rêve métaphysique servait de cadre à une vision du monde en opposition flagrante à la vision quantitative et chiffrable de Newton, à la précision de l'entendement de Kant, et particulièrement à la médecine qui trouvait enfin une voie cohérente et scientifique.

Les médecins héroïques de l'école de Berlin furent Rudolf Virchow, Hermann von Helmholtz, Robert Koch. Ces trois génies, véritables fondateurs de la médecine moderne méritent un hommage particulier. Ceux de Paul Ehrlich et Emil von Behring méritent aussi la reconnaissance que l'on doit aux premiers thérapeutes.

Le doyen Christoph Wilhelm Hufeland décida d'installer l'université médicale, enseignement et recherche, dans un bâtiment autonome, au 101 de la Friedrichstrasse, assez grand pour prendre en charge les cent dix-sept premiers étudiants. L'instruction de la clinique médicale était prodiguée par le professeur Johann Christian Reil dans une salle de douze lits. Une chirurgie élémentaire fut assurée par le professeur Carl von Graefe. L'avancée de la médecine universitaire résulta de l'application des résultats des sciences dures aux inconnues de la vie. Parmi celles-ci, je citerai le stéthoscope du docteur Ludwig Traube, les progrès de la physiologie du professeur Johannes Müller et de la découverte de l'effet anesthésiant de l'éther par le chirurgien Johann Friedrich Dieffenbach.

Telles furent les premières étapes de la médecine scientifique. L'Allemagne se situa en tête du peloton médical, dépassant entre autres la médecine française d'alors. La mémoire des pionniers de la Charité est stimulée par leurs portraits qui ornent les salles de réunion et les bureaux de l'administration actuelle. Les archives de l'hôpital furent remarquablement entretenues depuis son origine. L'instrumentation médicale et chirurgicale y tient une place importante, avoisinant d'autres souvenirs concernant l'hospitalisation et les soins. L'histoire de la médecine y prend ses sources d'une manière ininterrompue et aide à comprendre certaines évolutions thérapeutiques actuelles. Un musée de la médecine y fut installé à l'abri d'une imposante tour technique qui améliore les conditions d'hospitalisation, prouvant que, contrairement au reproche parfois fait à la Charité, la modernité n'exclut pas le confort des malades. Je me suis beaucoup plu dans cette institution scientifique dont l'intérêt professionnel est venu s'ajouter à la vieille amitié qui me lie à son ancien directeur, le professeur Detlev Ganten. Ce rapprochement releva d'une même passion pour la compréhension des processus morbides, les mêmes idées sur la collaboration internationale indispensable à cette recherche, sur l'évolution de la médecine et de la recherche. Nous avons souhaité une étroite collaboration entre la Charité et l'hôpital Necker, mon attache parisienne. Je ne pense pas qu'un autre hôpital public atteigne un tel engouement pour la médecine moderne, dans toutes ses spécialités. Les comportements allemands suscitant la passion du travail, l'ordre de l'esprit, la générosité et l'altruisme s'y concentrent. L'hôpital de la Charité est une sorte de laboratoire de culture allemande. Il l'est resté, ainsi que je l'ai réalisé, y étant moi-même souffrant. Médecins disponibles, compétents, consciencieux, réfléchis et infirmières attentives et dévouées représentent les clés de la réussite clinique.

Un exemple : le sel et l'hypertension artérielle

Les exemples de rationalisation de la médecine abondent. Ils forment en réalité l'essentiel de la médecine moderne. Ils m'ont occupé dès mes premières responsabilités cliniques et universitaires. Le soin de l'hypertension artérielle était une des spécialités dominantes de l'hôpital Broussais à Paris qui m'avait accepté chef de clinique. C'était dans les années 1960. Le professeur Franz Gross, l'un des principaux responsables de la grande firme pharmaceutique Ciba de Bâle, fut invité à présenter les résultats de sa recherche sur l'équilibre du sel (le sodium) dans le corps humain. C'était un petit homme au regard vif qui s'imposait par une diction stricte et réfléchie, évoquant à la fois la conscience du travail accompli et l'incertitude devant les nombreuses inconnues qui nous narguaient. Il était à la fois autoritaire et dubitatif évoquant la médecine rationnelle, physico-chimique issue des recherches de Claude Bernard et la subtilité complexe imposée par la recherche, parfaitement analysée par le philosophe des sciences américain Karl Popper.

La médecine occidentale s'interrogeait alors sur la nocivité du sel alimentaire schématiquement soutenue en Amérique et dans l'Europe continentale et moquée au Royaume-Uni et dans ses anciennes colonies. L'opinion médicale était véritablement coupée en deux, la médecine britannique se ralliant à l'opinion du professeur Pickering, qui considérait que l'accusation du sel relevait d'un processus intellectuel simpliste, évoqué par des expériences caricaturales, de véritables gavages en sel d'animaux d'expériences et manquant de crédibilité dans sa comparaison aux apports alimentaires humains d'une alimentation courante. Le doute britannique était fréquent lorsque la découverte initiant une discussion n'était pas un produit insulaire, et d'autant plus percutant qu'un humour sympathique accompagnait la réfutation et qu'un universitaire au renom incontesté, un chef d'école endossait l'interrogation. Ce fut le cas de George Pickering qui soutenait sa position en France en invoquant le gâchis d'une cuisine sans sel.

Franz Gross comptait parmi ceux qui doutaient de l'innocuité du sel, mais ne souhaitait pas s'engager avant de maîtriser la compréhension du devenir du sel alimentaire dans un organisme vivant, qui lui semblait un préalable indispensable à l'interprétation du pathologique. Franz Gross m'a convaincu. Il avait découvert qu'à côté du rein éliminant la plus grande quantité du sel chez tout être vivant, une hormone sécrétée par la glande surrénale intervenait, exerçant une régulation subtile. Une complication supplémentaire intervenait par l'intervention d'une autre hormone activant la précédente et produite par le rein. Les travaux de Franz Gross, confirmés par des laboratoires canadiens et américains, permirent d'invoquer une double responsabilité, rénale et surrénale, comme éventuelle cause de la maladie. Il fallait encore s'assurer qu'aucun autre dérèglement n'était impliqué, ce qui n'était pas mince affaire.

On imagine l'enthousiasme d'un jeune médecin devant la présentation de la découverte d'une nouvelle hormone. Franz Gross m'a séduit davantage que la plupart de ceux qui assistaient à sa conférence sans posséder de culture chimique et sans réaliser l'immense progrès accompli. Il m'invita plusieurs fois aux discussions qu'il organisait dans son laboratoire suisse ou dans une villégiature modeste, silencieuse et retirée convenant aux conférences scientifiques sur les rives d'un lac bavarois, Tegernsee ou Eibsee.

Ces réunions m'ont donné l'envie d'une participation active à l'immense effort de recherche engagé de par le monde pour comprendre davantage et vaincre cette maladie de la pression artérielle qui exerçait encore alors de terribles ravages. Elles m'ont fait saisir les exigences de la recherche en médecine : considérer les maladies comme un désordre de l'équilibre de l'ensemble physico-chimique du Vivant, poursuivre l'analyse jusque dans ses plus fins détails de manière à pouvoir combattre une erreur chimique par une autre chimie, cette fois thérapeutique, restaurant une fonction normale, comprendre les mécanismes qui conduisent ou éveillent le défaut et poser les bases d'une action thérapeutique. Ce schéma opérationnel devant respecter les fines particularités de chaque vie. Les hôpitaux de la Charité et Necker convinrent à cette ambition.

Karl Popper a compris les difficultés de ce long processus. Quelques phrases de son grand et puissant livre intitulé *La Logique de la découverte* résonnent dans les esprits de tous ceux qui y participent. Celle-ci par exemple : « Pas plus que les exposés métaphysiques, les lois scientifiques ne peuvent en effet, être logiquement réduites à des énoncés d'expériences élémentaires [...]. La découverte scientifique est impossible si l'on ne possède pas une foi en des idées tout à fait spéculatives et parfois imprécises, une foi que rien ne garantit d'un point de vue scientifique et qui est dans cette mesure métaphysique ».

Berlin-Buch, l'Institut de médecine moléculaire Max Delbrück

Detlev Ganten, qui succéda à Franz Gross, fut nommé directeur d'un institut de recherche à peine sorti des difficultés de l'annexion soviétique de la banlieue brandebourgeoise et berlinoise dans laquelle il se situe. Sa référence à une recherche en médecine moléculaire s'accorde avec l'interprétation de la recherche médicale qui vient d'être faite, d'ailleurs ébauchée aussi par mes maîtres parisiens préférés, auxquels je dois l'essentiel de mon orientation médicale, les René Fauvert, Paul Milliez, Jean Hamburger et Jean Bernard.

Aucune différence théorique ne séparait les dynamiques médicales en Allemagne et en France. La particularité berlinoise résidait dans les moyens accordés à la recherche, qui assuraient un grand pan matériel de sa réalisation, contrairement à la politique française qui distingue mal les idées et leur réalisation pratique.

Detlev Ganten manifestait un intérêt soutenu pour l'hypertension artérielle découverte aux côtés de Franz Gross, et nous nous sommes croisés pour la première fois dans un hôpital de Montréal spécialisé dans la clinique et la recherche de cette pathologie. L'hypertension pouvait être désormais traitée par des médications inédites et puissantes, bien que la connaissance de ses mécanismes n'ait pas permis de formuler une réponse claire et unique à sa cause. Mais il ne s'est pas immédiatement agi de ce débat lorsque nous nous sommes retrouvés sur le sol allemand.

La salle de réunion de Genshagen nous attendait avec ses exigences d'excellence et la possibilité de partager sa bonne réputation. Nos retrouvailles conduites dans un château qui n'avait pas encore fait totalement peau neuve, dans un décor encore encombré d'échelles et de pots de peinture, ont vite conclu à l'intérêt de réunir les comités d'éthique des deux pays afin de vérifier la concordance de leurs décisions quant aux problèmes soulevés par l'avancée des techniques médicales. Cette réunion venait à point. Les politiques des deux pays se voulaient alors proches et synchrones, les progrès médicaux avaient apporté des progrès changeant des opinions bien arrêtées par les sociétés, et ce depuis des siècles, rendant indispensables des discussions éthiques. La réunion d'éthique de Genshagen fut appréciée. Un intérêt se manifestait pour cette nouvelle discipline. Le chancelier Gerhard Schröder répéta la discussion quelques mois plus tard à un niveau franchement politique et Detlev me proposa d'animer la cellule d'éthique de son fief, le complexe médical de Berlin Buch, associé à la Charité, qui avait pris le nom de Centre Max Delbrück, généticien hardi travaillant en ces lieux et honoré d'un prix Nobel de médecine. À Buch, l'éthique était conseillée jusque-là par Jens Reich, un savant très distingué. Ma venue étoffait la discipline. Je fus très sensible à sa proposition de me nommer *professeur invité*. Je me revois dans son grand bureau, reçu avec quelque gravité, séparé de lui par une immense table de travail qui avait appartenu à Franz Gross, et acceptant cette proposition qui m'éloignait quelque peu de Genshagen. Son beau regard bleu reflétait ses qualités majeures, une énergie inépuisable dévolue à la direction du Centre Max Delbrück, une créativité sans repos entraînant sa recherche vers des horizons vierges mais prometteurs et une fidélité absolue envers ses amis. Un bureau me fut attribué dans l'une des nouvelles constructions qui entourent le bâtiment principal, plusieurs étages de laboratoires de recherche tendus dans la réflexion et les gestes expérimentaux, animés par de jeunes gens exaltés par le mystère qu'ils devaient résoudre, cherchant à l'évidence à ne pas perdre une minute en dehors du temps mesuré des quelques poses quotidiennes pendant lesquelles leurs propos restaient fixés à leur sujet de recherche.

Detlev avait manifestement su insuffler l'enthousiasme de la recherche à toutes les personnes travaillant à Buch, aux chercheurs bien sûr qui affichaient leur fierté de travailler dans un laboratoire ayant déjà été honoré par un prix Nobel, dont le certificat était pieusement conservé à la porte du bureau de Detlev.

Le bonheur paisible du Centre Max Delbrück me toucha. J'ai apprécié la campagne qui l'entoure au nord de la capitale bien qu'elle soit un peu moins avenante que celle de Genshagen avec davantage d'aridité, de sables et de marais, et des bosquets souvent dégarnis qui ne remplacent pas les majestueuses forêts et les grasses prairies. Mais l'abord de Buch était facilité par un S-Bahn allant droit au but après la traversée de la petite bourgade de Pankow, pratiquement intégrée à la capitale, simple, fleurie et coquette. Chaque traversée me rappelait la voix de la radio suivie à Paris avec passion en 1945, qui avait pris Pankow comme jalon de l'avancée de l'armée soviétique sur Berlin. Le speaker de l'époque prononçait « Pankoff » et les vestiges de cette prononciation parasitaient ma diction et ma référence aux communes voisines, Malchow et Karow, lorsqu'elles entraient de temps à autre dans la conversation.

La médicalisation de Buch fut décidée en 1914 face à sa ruralité peu productive et peu industrialisée et l'augmentation des blessés de guerre à laquelle le pays n'était pas préparé. Des locaux furent édifiés pour accueillir des aviateurs gravement handicapés par les combats aériens. Ils prirent rapidement l'allure d'un petit hôpital. Les traitements spécialisés de la tuberculose pulmonaire et ostéo-articulaire suivirent à la fin de la guerre arguant de la pureté de l'air campagnard. L'appétit de recherche médicale était déjà grand à l'époque mais les places manquaient à Berlin pour de nouveaux laboratoires. Le professeur Oskar Vogt installa sa recherche dans des bâtiments libérés par la diminution de la fréquence de la tuberculose. Il y travailla personnellement en compagnie de son épouse Cécile qui l'aidait et profita d'agrandissements successifs pour y organiser le premier centre mondial de recherches en pathologie nerveuse humaine avec l'appui de la Kaiser Wilhelm Stiftung et de l'illustre physicien Max Planck. Depuis les Vogt, la pathologie nerveuse et même la pathologie mentale ont perdu un peu de leurs mystères qui les rangeaient parmi les affections totalement réfractaires à l'approche scientifique de la recherche et les maintenaient dans une ambiance para ou métaphysique, ce qui ne déplaisait pas aux vitalistes, encore nombreux à cette date parmi les neurologues et les psychiatres. Après la période nazie, pendant l'administration soviétique qui suivit, la génétique devint le sujet principal de l'établissement, vraisemblablement sous la pression des autorités soviétiques ou est-allemandes. Un généticien russe Nikolaï Timofeïev-Ressovsky y a accompli des recherches intéressantes jusqu'à ce que le biologiste berlinois Max Delbrück le remplace, appliquant son intelligence et des méthodes occidentales à l'étude des mutations et de la structure des gènes.

Les années d'après-guerre permirent le développement de la recherche biologique et médicale dans divers domaines sous la direction de hauts représentants de la médecine allemande. En 1991, une recherche mixte, associant médecine clinique et sciences fondamentales fut décidée. La dimension moléculaire l'emporta progressivement et intéressa l'Université Humboldt et l'hôpital de la Charité. Le Centre Max Delbrück de médecine moléculaire devint une institution d'État ayant établi des liens avec diverses cliniques universitaires et avec des firmes industrielles intéressées à la médecine qui projetèrent la formation d'un complexe orienté vers la santé. Detlev Ganten en devint alors le directeur. Sa motivation fut telle qu'il s'installa avec sa famille dans une maison pratiquement incluse dans le campus.

L'activité clinique, médicale et chirurgicale est maintenant assurée dans une vingtaine d'unités de diverses tailles qui sont disséminées dans le petit bois qui abrite l'ensemble de l'institution. Les sapins, particulièrement nombreux, les séparent, conférant une ambiance tranquille à l'ensemble du campus. Cette sévérité s'arrête à la lisière du petit bois. Une architecture moderne a été délibérément choisie pour édifier les dernières constructions qui sont pour la plupart des laboratoires. Le verre alterne avec l'acier souvent coloré. De larges baies garantissent une grande luminosité. La recherche se déroule dans un cadre qui rend heureux et qui permet aux chercheurs de mieux tolérer leurs angoisses, d'accepter des nuits écourtées, des salaires médiocres et l'obsession de parvenir à un résultat digne de l'estime portée dans le monde entier à leur institution.

Vie de campus

L'isolement du campus dans la campagne prussienne les aide en cela. Buch s'aligne sur les universités anglo-saxonnes qui ont adopté depuis longtemps cette stratégie de concentration des idées sur elles-mêmes dans un environnement qui ne s'ouvre guère à l'actualité. Buch est une toute petite agglomération n'offrant aucune distraction, et aucun restaurant dépassant le niveau de la gargote. Les chercheurs restent dans un monde qui fut conçu à leur intention par des architectes attentionnés et spécialistes. Leur campus leur apporte un peu de campagne, un vaste espace, quelques denrées élémentaires et une indiscutable camaraderie. Detlev Ganten a enrichi la détente en admettant en pleine nature quelques motifs d'art moderne, non figuratifs, telle une haute stèle en bronze, conçue à la manière d'un nouveau soleil inca activant les lumières de l'esprit, un camouflage d'une petite installation électrique composé de portées musicales dont les notes sont remplacées par les lettres E et e sans que l'on sache pourquoi, et des statues d'interprétation difficile que leur sculpteur Rolf Szymanski a intitulées *Éphémère* et *Anabase* sans en préciser la raison. Cet art moderne ne se livre pas rapidement, semblable en cela à la recherche qu'il honore.

La porte principale du campus est entourée de deux anciens bâtiments qui lui donnent une certaine allure. L'un d'eux est occupé par un petit restaurant servant des plats brandebourgeois. L'autre est la salle de réunion des professeurs dont la décoration est essentiellement consacrée au peintre Jeanne Mammen, révélant un indiscutable talent encore peu connu mais séduisant tous ceux qui la découvrent. Max Delbrück, qu'elle admirait, l'a fait connaître au campus de Berlin-Buch. Ses dessins et ses peintures révèlent une forte sensibilité et une puissante observation. Jeanne Mammen remarque la particularité d'une expression, d'une position, d'un paysage et d'une coupe vestimentaire, la communique pleinement à son aquarelle ou à son crayon tout en traduisant le charme particulier qu'elle a ressenti. Les couleurs s'accordent à sa perception et au sens qu'elle a voulu donner. Ses portraits, art dans lequel elle excelle, femmes, militaires, couples alanguis, désemparés ou raides comme des Prussiens, professeurs et banquiers, enfants portant un uniforme ou une tenue sportive, sont animés autant par leur propre personnalité que par celle de Jeanne. Elle n'enjolive rien, reproduisant à la perfection les états d'âme de ses modèles, de la simplicité à la perspicacité et à l'amour. C'est une profonde réaliste, captivée par l'âme humaine et la manière dont les hommes la supportent. Il y a énormément d'angoisse et de perspicacité, quelques traces seulement de satisfaction dans son œuvre qui révèle une sensibilité globalement anxieuse et pessimiste pareille à celle de nombreux biologistes.

Detlev Ganten, passionné de peinture, m'a fait découvrir Jeanne Mammen. Nous avons parfois discuté d'art ensemble, et surtout de la certaine similitude que nous pensons réunir entre l'art pictural et la recherche biologique malgré leur éloignement apparent. Une même séquence allant de l'observation à la représentation de la nature les unit avec la même interférence de la sensibilité de l'observateur. La réalisation d'un tableau ressemble à une découverte. Le travail d'un pinceau sur une toile ressemble à la démarche d'une analyse du Vivant, progressant par petites touches, appositions et corrections successives et une finalisation qui traduit une immense subjectivité. Elle est évidente en peinture mais joue aussi en biologie. Les règles de l'organisation de la vie sont immuables, et l'esprit de l'observateur intervient dans la perception de leur fonctionnement et de son rôle vital. Tout cela ne concerne évidemment que la peinture figurative, l'art non figuratif ne dépendant que de données imaginaires négligeant habituellement le réel.

L'enthousiasme juvénile des chercheurs les éloigne de l'histoire et de ses tragédies. Tous mes amis, de Thadden à Ganten, m'ont confié leur désolation devant l'oubli de la catastrophe nazie chez certains de leurs plus jeunes élèves. Le nazisme pendant la dernière guerre a avili la mission sacrée de Berlin-Buch. Son hôpital est alors devenu un centre d'expérimentation humaine impliqué dans les folles élucubrations de la médecine hitlérienne dans les domaines précisément frappés d'interdit par l'humanisme, les religions, les frontières éthiques de la médecine occidentale. L'euthanasie, des infirmités génétiques, des hétérogreffes, des traitements illusoires furent pratiqués en nombre sous l'œil absurde ou sadique des médecins hitlériens. La sculptrice Anna-Franziska Schwartzbach a témoigné son indignation et son horreur en représentant dans une fonte discontinue et indocile le corps d'un enfant hagard, amputé d'un bras et la face ravagée par une double douleur, mentale et physique. Elle a désigné son évocation de monstruosité et la douleur perçue par son analogie à une réalité criminelle, par cette inscription : « Quand je serai grand, alors… » Toute prise de conscience d'avoir échappé d'une façon ou d'une autre à cette malédiction exige que toute vie humaine vise à réparer le mal qu'elle peut produire. La culture biomédicale, telle qu'elle est conçue avec acharnement, simplicité et pureté à la Charité et son annexe de médecine moléculaire, peut être considérée comme une tentative efficace de réparation.

Detlev Ganten poursuit aujourd'hui cet objectif dans les illustres murs de la Charité. Depuis onze années il préside et organise une réunion annuelle, ouverte aux médecins du monde entier, qui les informe des progrès les plus remarquables de leur discipline. Ils viennent par milliers, de tous les continents, s'informer dans le détail des dernières découvertes de la science médicale. Les gouvernements de l'Allemagne et de la France se sont unis dans cet effort qui illustre une volonté manifeste de travailler ensemble au bien-être de l'humanité. L'Allemagne y trouve un inestimable prétexte à assumer sa vocation culturelle.

CHAPITRE 23

Lotte, réflexions pour demain

Charlotte, ma petite-fille Lotte, est une ravissante enfant dont les yeux clairs s'intéressent avec intensité au nouveau monde qu'elle découvre. Son envie précoce de musique, le prénom de son père, la culture littéraire de ses deux parents, l'approbation de celui qui écrit ces lignes laissent « Charlotte » à sa future vie civile et préfèrent « Lotte » en famille. Lotte est née en même temps que j'achevais ce livre. Le souvenir de Charlotte S. que Goethe a mis dans les bras du jeune Werther, de la conseillère aulique Charlotte Kestner, redonné par Thomas Mann à une noble dame chérie par l'illustre poète de Weimar et de dignes femmes berlinoises n'est pas étranger au choix de ce surnom. J'ai rêvé aussi que Lotte, suivant le conseil de Thomas Mann, « descende du carrosse de Goethe » pour connaître l'histoire dont elle hérite afin de coopérer avec les idéaux de son siècle qui s'ouvre, la paix que ses aïeux n'ont pas toujours connue et la reconstruction du continent sur lequel le hasard l'a fait naître.

L'histoire montre à Lotte la complexité des motivations humaines et le hasard des interférences qui en déterminent le cours. Elle enseigne la nécessité d'en définir les erreurs, les fausses routes et les égarements. Kant a enseigné que les pensées irrationnelles, dangereuses, devaient être écartées. Ma mémoire est encore pleine des impasses auxquelles a abouti l'ignorance des peuples concernant les grandes options philosophiques et politiques annoncées comme salvatrices pour l'humanité, embrigadements politiques, religieux, socio-économiques et soumission à l'autorité d'un seul prophète. Les nationalismes et impérialismes de toute configuration ont tous contribué à une immense trahison de la confiance humaine.

L'exaltation, la promesse d'un chef, fût-il charismatique, ne suffisent pas. Le militarisme, l'antisémitisme et autres persécutions raciales ou religieuses ne furent que des flops monstrueux se jouant de ceux qui leur accordèrent une confiance aveugle reposant sur des illusions. Lotte doit adhérer à toutes les craintes de récidives, ce qui implique de ne pas redouter de les révéler lorsque les dangers deviennent patents. Elle devra être consciente de l'extraordinaire présent qui a accompagné sa naissance, la paix en Europe, l'impossibilité d'un conflit sur la terre européenne, en tout cas des côtes de Bretagne et de Cornouailles jusqu'au fleuve Dniepr et au territoire de Memel. Elle devra cependant être consciente de la fragilité de l'entente des hommes, de l'ardente obligation à préférer les options lénifiantes aux sursauts d'un Mal pervers et tenace. Faust imprime sa marque sur un continent aussi bien que sur les destins d'une nation ou d'une personne.

La prévention d'un Faust européen passe par un apprentissage. C'est pourquoi, j'ai tenu à développer celui qu'a connu l'Allemagne pendant les soixante-quinze années qui nous séparent de sa déroute en reconnaissant le nationalisme wilhelmien, la démence hitlérienne, les excès et les faiblesses du pouvoir exécutif et les mécontentements sociaux. La malheureuse expérience allemande doit servir de modèle aux tâtonnements politiques qui peuvent compliquer l'espace continental européen, exigeant cependant beaucoup de modestie, de tolérance et de travail. Un humble bon sens doit s'y associer par la perception de l'impossibilité de la survie d'autonomies nationales strictes sur une planète désormais organisée en vastes regroupements humains dont l'industrialisation, l'économie et possiblement la recherche résistent aux avatars. La planète s'est mise sous l'emprise de continents dans laquelle l'Europe a une place entière. L'agressivité de l'espèce humaine n'a pas disparu mais elle a changé d'échelle.

La génération de Lotte a reçu une Europe individualisée par plusieurs volontés nationales d'en faire partie, un contour géographique, des institutions politiques, économiques, juridiques et commerciales et des idéaux intellectuels respectant l'homme, sa créativité et ses exigences. Magnifique cadeau proche de temps où la compétition faisait rage entre les nations constitutives et où le mot Europe suscitait doutes et étonnement.

On doit se rappeler le scepticisme qui a prévalu au siècle dernier, du côté d'un Emmanuel Berl, dénonçant les impostures de l'histoire européenne, d'un René Sédillot, classant l'Europe dans la mythologie, ou encore d'un Julien Benda qui affirmait que l'Europe n'avait pas d'histoire. Pourtant, l'Europe s'impose par son économie, sa culture, sa richesse, ses compétences et son commerce, parfaitement compétitifs avec d'autres continents, asiatique et américain.

Aucun argument de poids n'est d'ailleurs venu plaider sérieusement, et durablement, contre la formation d'une Union européenne. Quelques craintes de pertes de prestige, de compétences et de biens rares ont fait redouter les baisses de pouvoir et d'autorité qui l'accompagnent, mais le psychodrame qui s'est ensuivi fut amendé par l'acquisition d'un avantage commercial démontrant le pouvoir du rassemblement. Le rapprochement des hommes, parce qu'ils appartiennent à la même communauté vivante et négligent d'éventuelles variations phénotypiques, a fini par l'emporter.

Un commerce efficace et sans obstacle est la garantie d'une harmonie matérielle. Or il semble bien que les lignes essentielles de la bienséance aient été assurées dans cette entreprise où l'intérêt prime. Les échanges compensent les inégalités. Le grand domaine de l'union des pays européens, tel qu'il est avec ses bizarreries, et ses égoïsmes ne présente ni excès, ni manque suffisamment criant et douloureux pour fourbir des armes.

La découverte de nouvelles ressources énergétiques, le remplacement d'énergies défaillantes, la mise en place d'économies inédites, l'adaptation aux changements du climat planétaire, imposent des efforts considérables, mais personne ne doute véritablement de leur accessibilité. Le continent européen est protégé par ses richesses, son travail et son intelligence. L'Union européenne aura une très longue histoire, sa réussite dépendant toutefois d'abord de la pérennité de ses qualités.

L'Europe existe, mais sa fragilité, évidente, empêche un plein essor. Lotte et sa génération auront la lourde tâche de l'en prémunir, voire de s'y opposer. Les Européens ont voulu qu'elle soit une démocratie parce que cette forme de gouvernement est née sur leur terre et qu'elle entrave les politiques extrêmes dont ils ont souffert. Or la démocratie est une pratique délicate puisqu'elle accorde une libre expression aux insatisfactions.

Elle n'est pas parfaitement installée dans plusieurs endroits, particulièrement en France et dans une moindre mesure en Allemagne, et dans les institutions exécutives européennes. La France a conservé des craintes qui se développaient sous l'Ancien Régime et lors de ses révolutions, et revendique encore des libertés qui semblent lui faire défaut. Ses citoyens savent que la France contemporaine peut néanmoins envisager de les accorder à condition de recourir à la violence verbale et physique qui dérange son pouvoir exécutif et l'oblige à céder. La France souffre ainsi du mécontentement permanent d'insatisfaits qui au minimum protestent, s'emportent et abusent d'un droit de grève gravé dans le marbre constitutionnel. Dans tous les pays membres de l'Union européenne, ce droit de grève est présent mais de puissants mécanismes constitutionnels limitent ses abus. La démocratie française peine à pénétrer le monde du travail et laisse la place aux conflits individuels qui opposent les maîtres et les serviteurs. Les pays germaniques et anglo-saxons ont beaucoup mieux su, à l'inverse, concilier le statut de citoyen libre et la condition de travailleur. Ils ont ainsi protégé leur économie, leur adaptation aux progrès en se montrant aptes à profiter de leurs promesses. La France insatisfaite se manifeste au minimum par des violences verbales et une ambiance d'hostilité, mais s'expose à des grèves et manifestations, qui peuvent aggraver ce qu'il a été convenu d'appeler une « fracture sociale ».

Les pays germaniques et anglo-saxons ne souffrent pas d'un manque de démocratie aussi sévère. La raison essentielle est que celui-ci ne concerne pas une démocratie aussi centralisée qu'elle l'est en France ; leur fédéralisme et la décentralisation, beaucoup mieux respectés qu'en France, limitent le problème à une inégalité entre des régions. Prenons l'exemple de la Saxe en 2019. Le nouveau parti de la droite populiste, Alternative für Deutschland (AfD, Alternative pour l'Allemagne), a largement confirmé son avance sur l'Union chrétienne démocrate devant l'extrême gauche (die Linke), et le parti social-démocrate (SPD). Les relents antisémites et national-socialistes inquiètent l'Allemagne devant cette progression, d'autant plus qu'elle a concerné les anciens territoires de l'Allemagne de l'Est, particulièrement la Saxe-Anhalt et le Mecklembourg-Vorpommern. L'AfD y a obtenu le double des suffrages accordés par l'ancienne Allemagne de l'Ouest, soit 22,5 %, pourcentage redoutable. Il semble que cette nouvelle orientation témoigne essentiellement d'une insuffisance de la considération accordée à l'ancien Est par l'État fédéral contemporain, et dans une certaine mesure de l'exaspération des citoyens devant l'afflux de travailleurs étrangers. Par ailleurs, des sondages d'opinion (en particulier celui de 2018) témoignent d'une méfiance des anciens Allemands de l'Est pour les structures de représentation démocratique et les médias, ce à quoi il faut ajouter un racisme et une xénophobie qui s'expriment alors même que les étrangers sont trois fois moins nombreux à l'Est qu'à l'Ouest.

Le changement politique lors la réunification de l'Allemagne en 1990 (la Wende, le « Tournant ») s'est accompagné aussi de transformations sociales extrêmement rapides ; des pans entiers de l'économie et des métiers ont disparu sous l'effet de l'automatisation industrielle et des nouveaux échanges commerciaux. Le changement de société n'a pas été suivi de l'amélioration sociale espérée par les citoyens de l'ancien Est, mais d'une demande de nouvelles stratégies industrielles. La biotechnologie a commencé à intéresser Iéna et Leipzig mais ce dynamisme n'a pas été généralisé. L'aide financière, venue de l'Ouest, a contribué à l'essor d'une démocratie dont les autorités n'avaient aucune habitude et aucune pratique. Mais elle n'a pas été suffisante, n'a pas compensé une rudesse administrative et un anonymat auxquels l'Est n'avait pas été habitué et n'a pas remédié au déclin de la population en mesure de travailler. En outre, les populations de l'Est furent sous-représentées dans toutes les structures dirigeantes du pays, économiques, politiques, administratives, universitaires, médiatiques. La différence est parfois affligeante : 198 généraux de l'armée fédérale proviennent de l'Ouest, deux seulement de l'Est. Trente ans après la chute du Mur, le dernier cabinet d'Angela Merkel ne comporte qu'un ministre issu de l'Allemagne de l'Est, Franziska Giffrey, ministre de la Famille. La chancelière paraît avoir oublié ses propres origines et les recommandations de l'ancien président Joachim Gauck. Ces inégalités paraissent même avoir gagné certaines administrations. L'Allemagne d'aujourd'hui se trouve devant une situation qui profite aux partis populistes antieuropéens, antidémocratiques, xénophobes et antisémites parce que ces diverses options politiques sont unies par une sorte de coopérativité positive. Elles recourent à la *Schadenfreunde*, une réjouissance malsaine qui se dissimule sous des relations apparemment cordiales et remercient l'Allemagne de les avoir entraînées dans un processus libertaire, tout en la critiquant silencieusement d'avoir mal conduit l'opération.

Le manque généralisé ou la mésestime de la démocratie en Europe se sont très vite fait sentir. En France, les mouvements sociaux ont appauvri l'État de plusieurs centaines de millions d'euros. En Allemagne, la République fédérale n'est plus le strict havre de paix que représentait la première nation industrielle européenne encore en 2017 lorsqu'elle se présentait comme : « L'Allemagne, un pays où il fait bon vivre ». Cette quiétude générale reflétait l'adoption d'une stricte démocratie, la constance d'une politique financière menée par la brillante succession des chanceliers fédéraux de l'après-guerre jusqu'à la chancelière Angela Merkel. Les finances de l'État allemand furent remarquablement stables, soutenues par une industrie appréciée dans le monde entier et une gestion centrale rigoureuse et économe. L'Allemagne était dirigée sans heurt. Le journal français *Le Monde* du 21 septembre 2017 titra qu'on « s'ennuyait en Allemagne et que les Allemands aimaient cela ». Ce succès économique, universellement reconnu et envié, malgré l'insinuation journalistique, s'est cependant mis en place sans pleine considération de la condition sociale et particulièrement ouvrière du pays. L'Allemagne fédérale apparaît aujourd'hui comme le pays ayant le plus important excédent commercial au monde. Il dépasse de deux fois celui de la Chine, ayant, en 2017, atteint 287 milliards d'euros. L'Allemagne le réalise annuellement par la vente de voitures et de pièces automobiles, de machines-outils, de produits chimiques et de matériel informatique. Elle peut en être fière par l'organisation, le renouvellement et l'originalité du travail qui fut nécessaire.

Des difficultés intérieures ont cependant pesé sur les citoyens, sans pour autant inquiéter la communauté internationale. Les réformes dites Hartz du chancelier Schröder (mises en route de 2003 à 2005) ont développé le rendement industriel sans prendre suffisamment en compte la vie sociale des travailleurs. Le traitement de la crise de 2008 n'a pas amélioré la situation. L'Allemagne s'est servie d'une stabilisation politique intérieure maximale pour suivre sa politique économique. La prospérité allemande s'est cependant maintenue, en ne satisfaisant pas tout le peuple.

Plusieurs événements ont émaillé la quiétude qui en dépendait. Le gouvernement allemand a exigé que les déficits abyssaux de la Grèce, pays de l'Union européenne, soient comblés par des économies gigantesques et douloureuses ; l'organisation financière européenne montrait sa fragilité. L'accident nucléaire japonais de Fukushima en 2011 a révélé le danger de l'énergie nucléaire. L'Allemagne le souligna en fermant abruptement nombre d'industries atomiques et en développant des énergies renouvelables et non polluantes ; elle a incité la planète entière à suivre son exemple.

La chancelière Merkel a fait preuve d'une générosité considérable à l'égard des réfugiés fuyant guerre et misère d'Asie Mineure et d'Afrique, vraisemblablement inspirée par sa générosité naturelle, mais peut-être aussi pour poursuivre la politique de l'autruche qu'elle pratique lorsque l'obstacle qui se dresse sur sa route est gênant. Plus de 1,6 million d'étrangers recherchant un emploi, dont 12 % de réfugiés syriens, mêlés à des Irakiens, des Afghans, des Nigériens et des Iraniens furent enregistrés en Allemagne entre l'été 2015 et la fin 2017. La poursuite de l'immigration déborda naturellement sur toute l'Union européenne.

La politique intérieure allemande ne résista pas à l'enchaînement des difficultés. Aux élections législatives de 2017, le parti populiste de la droite radicale AfD est devenu la troisième force politique du pays, représentée par 12 % des députés du Bundestag. L'accès au jeu politique de l'extrême droite fut constamment contenu depuis la fin de la Seconde Guerre mondiale, mais l'affaiblissement des partis républicains ouvrit la porte aux indécis que le nationalisme par ses composantes raciste et xénophobe avait jusque-là freinés. Pour la première fois aussi, un parti néonazi arrive en tête de tous les partis du Land de Saxe, atteignant presque un tiers des voix. Le programme de l'AfD soutient une véhémente action antiturque. L'Allemagne est en effet devenue une terre d'immigration turque à la suite de la vague d'immigration considérable qui répondit en 1960 à l'appel de travailleurs manuels pour réparer les destructions causées par la guerre. Celui-ci faisait suite à d'autres demandes antérieures d'immigration adressées à divers pays méditerranéens, Italie, Espagne et Grèce. La Turquie est restée le pays le plus représenté. L'Allemagne contemporaine a consacré beaucoup d'énergie pour faire preuve d'humanisme avec ses émigrés, et pour vaincre les obstacles linguistiques et religieux qui accompagnent un repeuplement aussi important. Malgré les efforts allemands, l'AfD exige que les Turcs d'Allemagne « retournent là d'où ils viennent, au-delà, très au-delà du Bosphore, là où se trouvent leurs huttes en terre et leurs familles polygames ». En outre son chef, un certain Alexander Gauland, homme fort du parti, propose aux Allemands d'être « fiers de ce qu'ont fait les soldats allemands pendant les deux guerres mondiales » et absout sans la moindre pudeur le passé nazi au nom de... l'insignifiance de sa participation dans l'histoire du XXe siècle.

Ces interrogations, et le déséquilibre des échanges commerciaux, inquiètent plusieurs dirigeants et organisations politiques (OCDE, FMI, Commission européenne), des économistes et des dirigeants. Le président Trump, fidèle à lui-même, menace régulièrement l'Allemagne de représailles douanières et de guerres commerciales. « Les pays qui ont de très forts excédents devraient chercher à les réduire », avertit aussi la directrice générale du FMI. Le reproche généralisé fait à l'Allemagne est de réaliser une déflation compétitive en abaissant le coût du travail réel pour gagner des parts de marché au détriment de ses voisins. La critique est restée sans réponse car les industriels allemands prétendent qu'ils n'ont pas grande influence sur les salaires des entreprises privées qui relèvent de la compétence des partenaires sociaux ; ils n'ont de plus aucune influence sur la politique industrielle en tant que telle et sur le cours de l'euro. Une amélioration de la situation pourrait relever d'une aide et d'un encouragement aux investissements couplés avec une hausse des salaires. Mais l'Allemagne est menacée par le vieillissement de sa population, n'ayant pas réussi à amender et à compenser l'allongement de sa longévité par une plus forte fécondité. Et cette donnée fait préférer l'économie à l'investissement.

Nuées du siècle

Pauvre Lotte ! Les nuées de ton siècle risquent de virer à l'orage. Il te faut donc faire face avec tous ceux de ton âge au profond malaise français, à une insuffisance fonctionnelle allemande avec un manque d'égalité fédérale, des économies surannées et quelques sursauts séparatistes, des institutions européennes peu pragmatiques, diverses tentatives de rupture démocratique et d'autonomie de plusieurs partenaires. L'Union européenne que nous avons si ardemment tenté de construire court des dangers d'effritement.

Il te faut d'ores et déjà préparer l'évitement du pire, la désintégration des efforts accomplis. Le procédé fait intervenir de nombreux acteurs. Parmi les diverses opérations, l'accentuation du rapprochement de la France et de l'Allemagne est prioritaire et inévitable. Ces deux puissances dominent le continent et peuvent exercer une autorité dans l'ensemble européen d'autant plus aisément que l'histoire les a rapprochées et que leurs affinités sont largement partagées. La continuation de l'œuvre des Aristide Briand et Gustav Stresemann et de Jean Monnet, Valéry Giscard d'Estaing et Helmut Schmidt est devenue un devoir moral. Les premiers ont cherché à parler une langue nouvelle, l'européen. Les suivants n'ont pas précisé si la priorité revenait à l'allemand ou au français, car une entente franco-allemande réaliste se doit de respecter ce qui est précieux chez chacun des partenaires. La richesse de leurs patrimoines respectifs est si grande que le rapprochement des deux pays ne peut tolérer la moindre amputation, tout au plus des influences. L'abrasion du nationalisme nazi et de tout impérialisme, telle que je l'ai ressentie lors de mes pérégrinations allemandes, lève aujourd'hui toutes les hésitations. De même, la tolérance de la France par l'Allemagne, semble se profiler favorablement depuis que les gouvernants français calment leur mégalomanie et leur esprit de supériorité.

La complémentarité de la culture des deux pays permet d'augurer le partage de la volonté d'une paix dans le monde, d'une foi en une Europe unie, un profond humanisme, et les grands objectifs européens que sont la recherche dans tous ses domaines et les développements artistiques ; ils ne parleront que d'une seule voix à propos du futur européen dans le monde. Un article de la *Deutsche Zeitung* en 2017, signé par les députés allemands F. Brantner, A. Jung et M. G. Linkla, le confirme : « L'amitié franco-allemande reste un cadeau. Elle nous a apporté la paix et a fait de nous des partenaires en Europe [...]. Ensemble, nous pouvons faire avancer l'Europe dans une période difficile et la rendre mieux capable d'agir. »

J'espère que ma petite Lotte aura la chance de se trouver devant une union de la France et de l'Allemagne encore plus étroite qu'elle ne l'est aujourd'hui et que ce livre y aura contribué, qu'il aura fait saisir la richesse de l'esprit allemand et la sincérité de l'Allemagne à faire partager son patrimoine culturel.

Bibliographie

Arnold Mathieu, *Luther*, Fayard, 2017.
Aspect Alain, *La Lumière au cœur des révolutions quantiques*, lettres 35-36 de l'Académie des sciences, 2015.
Balibar Sébastien, Édouard Brézin (dir.) *Demain la physique*, Odile Jacob, 2009.
Bellaval Yvon, *Leibniz*, Vrin, 1993.
Bellon Christophe, *Aristide Briand*, CNRS Éditions, 2016.
Berglar Peter, *Wilhelm von Humboldt in Sebststzeugnissen und Bilddokumzentzen*, Rowohlt, 1970.
Bleker Johanna, Hess Volker (dir.), *Die Charité*, Akademie Verlag, 2010.
Borchmeyer Dieter, *Was ist deutsch ? Die Such einer Nation nach sich selbst*, Rowohlt, 2019.
Bréchignac Catherine, *N'ayons pas peur de la science !*, *Raison et déraison*, CNRS Éditions, 2009.
Brunschwig Henri, « Friedrich Schiller », *in Société et romantisme en Prusse au* XVIIIe *siècle*, Flammarion, 1973.
Carbonell Charles-Olivier, *Une histoire européenne de l'Europe*, Privat, 1999.
Carvallo-Plus Sarah, *Leibniz*, Hachette, 2001.
Castillo Monique, Leroy Gérard, *L'Europe de Kant*, Privat, 2001.
Chapoutot Johann, *La Loi du sang*, Gallimard, 2014.
Chapoutot Johann, *La Révolution culturelle nazie*, Gallimard, 2017.
Clark Christopher, *Les Somnambules. Été 1914*, trad. Marie-Anne de Béru, Flammarion, 2013.
Cole Robert, *A Traveller's History of Germany*, Interlink Publishing Group, 2015.
Cousin Victor, *Souvenirs d'Allemagne*, CNRS Éditions, 2011.
Demesmay Claire, *Idées reçues sur l'Allemagne. Un modèle en question*, Le Cavalier bleu, 2018.

Demesmay Claire, Stark Hans (dir.), *Qui sont les Allemands ?*, avant-propos Alfred Grosser, Septentrion, 2006.
Döblin Alfred, « Monologue de la Sprée », *in Alexanderplatz*, trad. Olivier Le Lay, Gallimard, 1929.
Dorn Thea, *Deutsch, nicht dumpf*, Panthéon, 2019.
Dorn Thea, Wagner Richard, « Gemütlchkeit », *in Die Deutsche Seele*, Knaus Verlag, 2017.
Dorn Thea, Wagner Richard, *Die deutsche Seele, Doktor Faustus*, Knaus, 2017.
Dürrenmatt Friedrich, *Albert Einstein*, trad. Françoise Stokke, Éditions de l'Aire, 1982.
Fontane Theodore, *Frau Jenny Treibel*, 1892.
François Étienne, « Introduction, mémoires divisées, mémoires partagées, à la recherche des mémoires allemandes », *in* Étienne François, Schulze Hagen (dir.), *Mémoires allemandes*, Gallimard, 2007.
François Étienne, Serrier Thomas, *Europa, notre histoire*, Les Arènes 2018.
Gaehtgens Thomas W., *La Cathédrale incendiée. Reims, septembre 1914*, trad. Danièle Cohn, Gallimard, 2018.
Geier Manfred, *Die Brüder Humboldt*, Rowohlt, 2000.
Goethe Johann Wolfgang von, *Causeries d'émigrés allemands*, trad. J.-P. Lefebvre, Imprimerie nationale, 1997.
Goethe Johann Wolfgang von, *Conversations de Goethe avec Eckermann*, trad. Jean Chuzeville, préface C. Roëls, Gallimard, 1988.
Goethe Johann Wolfgang von, *Écrits autobiographiques (1789-1815). Annales, campagne de France, siège de Mayence, entretien avec Napoléon*, Bartillat, 2001.
Goldschmidt Georges-Arthur, *La Joie du passeur*, CNRS Éditions, 2013.
Griset Pascale, Greffe F., *Une compagnie en son siècle*, Le Cherche Midi, 2016.
Grmek Mirko (dir.) *Histoire de la médecine en Occident*, Seuil, 1995, tomes I et II.
Grosser Alfred, *L'Allemagne de Berlin*, Alvik, 2007.
Grötschel Iris, *Das physikalische Berlin*, Berlin Story Verlag, 2013.
Habermas Jürgen, *La Constitution de l'Europe*, trad. Christian Bouchindhomme, Gallimard, 2012.
Heine Heinrich, *De l'Allemagne*, Gallimard, « Tel », 1998.
Herzog Roman, *Wahrheit und Klarheit*, Hsgr Manfred Bissinger, Hoffmann und Campe, 1995.
Hessel Franz, *Promenades dans Berlin*, trad. Jean-Michel Beloeil, L'Herne, 2012.
Hirsch Eike Christian, *Der berühmte Herr Leibniz*, C. H. Beck, 2007.
Hugues Pascale, *Le Bonheur allemand*, Seuil, 1998.
Iribarne Philippe d', « La France est-elle irréformable ? », *Le Figaro*, 8 janvier 2020.
Iribarne Philippe d', *L'Étrangeté française*, Seuil, 2006.
Kant Emmanuel, *Qu'est-ce que les Lumières ?*, édité par Françoise Proust, trad. J.-F. Poirier et F. Proust, Flammarion, « GF », 2006.

Kerautret Michel, *Histoire de la Prusse*, Seuil, 2005.

Kershaw Ian, *Hitler, 1889-1945*, trad. Pierre-Emmanuel Dauzat, Flammarion, 2008.

Kershaw Ian, *L'Opinion allemande sous le nazisme. Bavière 1933-1945*, trad. Pierre-Emmanuel Dauzat, CNRS Éditions, 1995.

Klein Philippe, *Le Collège Notre-Dame-des-Glaciers du père Vigoureux de Kermorvan, (1941-1944)*, L'Harmattan, 2019.

Köhler Thomas, Lütgens Annelle (dir.), *Jeanne Mammen die Beobachterin, retrospective 1910-1975*, Hirmer, Berlinische Galerie.

Lacoste Jean, « Goethe en grand homme », *Romantisme, revue du XIXe siècle*, 1998 100, p. 115-129.

Le Rider Jacques, « Le mythe de l'université humboldtienne : qui peut encore y croire ? », colloque de l'association Humboldt, Paris, 24 novembre 2014.

Lefebvre Jean-Pierre (dir.), *Anthologie bilingue de la poésie allemande*, Gallimard, 1995.

Leibniz Gottfried Wilhelm, *Essais de Théodicée*, Flammarion, « GF », 1969.

Leibniz Gottfried Wilhelm, *Principes de la nature et de la grâce, Monadolgie*, Flammarion, « GF », 1996.

Mann Klaus, *Le Volcan*, trad. Jean Ruffet, Grasset, 1993.

Mann Thomas, *Considérations d'un apolitique*, trad. Louise Servicen, Jeanne Naujac, introuction Jacques Brenner, Grasset, 2002.

Mann Thomas, *Noblesse de l'esprit*, trad. Fernand Delmas, Albin Michel, 1960.

Mann Thomas, « Sur le *Faust* de Goethe », in *Noblesse de l'esprit*, Albin Michel, 1960, p. 83.

Matussek Matthias, *Nous les Allemands*, trad. Olivier Mannoni, Saint-Simon, 2007.

Meyer Michel, *Dictionnaire amoureux de l'Allemagne*, Plon, 2019.

Meyer Philippe, *Allemands contre Hitler*, préface de Susanne Wasum-Rainer, L'Âge d'Homme, 2015.

Meyer Philippe, *Histoire de Dresde*, CNRS Éditions, 2019.

Meyer Philippe, *Histoire de l'Alsace*, Perrin, 2008.

Meyer Philippe, *Le Génie allemand*, Perrin, 2017.

Moatti Alexandre, *Einstein, un siècle contre lui*, Odile Jacob, 2007.

Mossé Fernand (dir.), *Histoire de la littérature allemande*, Aubier, 1995.

Nietzsche Friedrich Wilhelm, *Par-delà le bien et le mal* (1886), Gallimard, 1987.

Nipperdey Thomas, Solan Daniel, *Germany from Napoleon to Bismarck. 1800-1866.* Princeton Legacy Library, 1996.

Oury Guy-Marie, *Histoire de l'Église*, Éditions de Solesme, 2011.

Ozouf Mona, *Jules Ferry*, Gallimard, 2014.

Popper Karl, *La Logique de la découverte scientifique*, préface Jacques Monod, Payot, 1984.

Renan Ernest, *La Réforme intellectuelle et morale*, présentation Mona Ozouf, Perrin, 2011

Revel Jean-François, *Histoire de la philosophie occidentale*, NiL, 1994.

Rolland Romain, *Vie de Beethoven*, présentation J. Lacoste, Bartillat, 2015.

Rolland Romain, *Au-dessus de la mêlée*, Payot et Rivages, 2013.

Rolland Romain, *Jean-Christophe*, Albin Michel, 2017.

Rolland Romain, Zweig Stefan, *Correspondance 1920-1927*, édité par Yves Brancy, Albin Michel, 2015.

Safranski Rüdiger, *Life as a Work of Art*, trad. David Dollenmayer, Liveright Publishing Corporation, 2017.

Sauzay Brigitte, *Retour à Berlin. Journal d'Allemagne*, Plon, 1998.

Schiller Friedrich, *SämtlicheWerke*, Carl Hanser, 1987, tome I.

Schneiders Werner, *Das Zeitalter das Aufklärung*, C. H. Beck, 1997.

Schulze Hagen, *Petite histoire d'Allemagne*, trad. Richard Le Roux, Hachette Littératures, 2001.

Senarclens Pierre de, *Nations et nationalisme*, Sciences humaines Éditions, 2018.

Serres Michel, *Le Système de Leibniz et ses modèles mathématiques*, PUF, 2007.

Staël Germaine de, *De l'Allemagne*, Flammarion, « GF », 1968, tomes I et II.

Stern Fritz, *Grandeurs et défaillances de l'Allemagne au XXe siècle*, Fayard, 2001.

Stern Fritz, *Rêves et illusions. Le drame de l'histoire allemande*, trad. Jeanne Etoré, Albin Michel, 1989.

Strauss Dieter, Miermont Dominique, *Klaus Mann et la France*, Goethe Institut/ Seghers, 2002.

Verger Jacques (dir.), *Histoire des universités en France*, Privat, 1986.

Vincent Jean-Philippe, « La confiance a disparu au sein de la société française. Comment l'expliquer ? », *Le Figaro*, 21 février 2019.

Watson Peter, *The German Genius*, Harper Perennial, 2010.

Werner Michael, Hauschild Jan-Christoph, *Heinrich Heine*, Seuil, 2001.

Table

DEUXIÈME PARTIE

La fin de l'affabulation

TROISIÈME PARTIE

La grâce d'un peuple

DU MÊME AUTEUR

Chez Odile Jacob

L'Œil et le Cerveau, 1997.

Leçons d'histoire de la pensée médicale. Sciences humaines et sociales en médecine (avec Patrick Triadou), 1996.

Le Mythe de Jouvence, 1987.

Chez d'autres éditeurs

Histoire de Dresde, CNRS Éditions, 2019.

Le Génie allemand, Perrin, 2017 (préface de Philippe Étienne).

Ils étaient allemands contre Hitler, L'Âge d'Homme, 2015.

Une histoire de Berlin, Perrin, 2014.

Les Lumières, hier, aujourd'hui, demain (avec Pierre Buser et Claude Debru), Hermann, 2013.

Baltiques. Histoire d'une mer d'ambre, Perrin, 2013.

L'Or du Rhin. Histoire d'un fleuve, Perrin, 2011.

Preussen und Frankreich, Bebra Verlag (Berlin), 2009.

Histoire de l'Alsace (préface de Rudolf von Thadden), Perrin, 2008.

Le Bonheur de ne pas être américain, Maren Sell, 2004.

Philosophie de la médecine, Grasset, 2000.

Leçons sur la vie, la mort et la maladie, Hachette, 1998.

De la douleur à l'éthique, Hachette, 1998.

L'Illusion nécessaire, Plon/Flammarion, 1995.

L'Irresponsabilité médicale, Grasset, 1993.

Sommeils indiscrets, Orban, 1990.

La Révolution de médicaments, Fayard, 1984.

L'Homme et le Sel, Fayard, 1982.

Physiologie humaine, Flammarion, 1977.

Cet ouvrage a été composé
en Adobe Garamond Pro
par Nord Compo
à Villeneuve-d'Ascq (Nord).

Achevé d'imprimer en décembre 2020
sur les presses de la Nouvelle Imprimerie Laballery
58500 Clamecy

N° d'édition : 7381-5365-X – N° d'impression : 011436
Dépôt légal : janvier 2021

Imprimé en France